DEUTSCHE VERSUCHSANSTALT FÜR LUFTFAHRT E.V.

Bericht Nr. 68

G. Kotowski

Über das Verhalten von schlanken Stäben und dünnen Platten konstanten Querschnitts im elastischen Bereich bei zeitlich veränderlicher Längsbelastung

Herausgegeben im November 1958
von der
Zentrale für Wissenschaftliches Berichtswesen
der
Deutschen Versuchsanstalt für Luftfahrt e. V.-Mülheim (Ruhr)

Springer Fachmedien Wiesbaden GmbH

ISBN 978-3-663-03079-9   ISBN 978-3-663-04268-6 (eBook)
DOI 10.1007/978-3-663-04268-6

Die Durchführung der vorliegenden Arbeit wurde durch Forschungsmittel ermöglicht, die dankenswerterweise das Bundesverkehrsministerium zur Verfügung gestellt hat.
(Auftrag Nr. L 5-540-2389 Vm/54; L 5-44/1-2206 D/57)

Übersicht

An Hand der deutschen und angelsächsischen Literatur der letzten 25 Jahre wird das Verhalten von Stäben und Platten im elastischen Bereich unter zeitlich veränderlicher Längsbelastung dargestellt.

Das Thema ist in einer großen Zahl von Veröffentlichungen, die verschiedenen Teilfragen technischer und theoretischer Natur gewidmet sind, in Angriff genommen worden.

Dieser Bericht bezweckt eine einheitliche, übersichtliche Darstellung der bisher erhaltenen Ergebnisse und angewendeten Methoden. Deshalb werden in dem ersten Teil des Berichtes die gemeinsamen Grundlagen und Voraussetzungen angegeben, die in den einzelnen Arbeiten wegen der stillschweigenden Anpassung an die spezielle Fragestellung nicht immer deutlich in Erscheinung treten.

Dann werden die einzelnen Arbeiten nach den so gewonnenen Gesichtspunkten eingeordnet.

Es interessiert vor allem der Einfluß der trägen Masse der Bauteile, also die Trägheitswirkungen, die während der Verformung auftreten.

Gliederung

I. Einleitung .... S. 5

II. Stäbe .... S. 5

    1. Grundlagen .... S. 5

        a) Problemstellung .... S. 5

        b) Herleitung des Systems der partiellen Differentialgleichungen für die Längsbewegung $u(x,t)$ und die Querbewegung $w(x,t)$; Rand- und Anfangsbedingungen . S. 6

        c) Vereinfachende Annahmen über die Längsbelastung .. S. 8

    2. Entkopplung des Systems auf Grund der Annahmen 1.c) .. S. 18

        a) Die partielle Differentialgleichung für die Querbewegung bei vorgegebener Endbelastung $\bar{P}(t)$ .... S. 18

        b) Die partielle Differentialgleichung für die Querbewegung bei vorgegebener Endverschiebung $\bar{u}(t)$ .. S. 18

    3. Lösungen der Differentialgleichung für die Querbewegung bei beiderseitig gelenkiger Lagerung des Stabes S. 19

      a) Vorgegebene Endbelastung $\bar{P}$ (t) . . . . S. 19

          α) $\bar{P}$ (t) : harmonisch veränderlich . . . . S. 19

          β) $\bar{P}$ (t) : Rechteckstoß . . . . S. 23

      b) Vorgegebene Endverschiebung $\bar{u}$ (t) . . . . S. 30

          α) $\bar{u}$ (t) : harmonisch veränderlich . . . . S. 30

          β) $\bar{u}$ (t) : lineare Funktion der Zeit . . . . S. 33

      c) Andere Randbedingungen für u (x,t) . . . . S. 47

  4. Lösungen der Differentialgleichung (13) für andere Lagerungsbedingungen bezüglich Biegung . . . . S. 50

III. Erweiterung der Theorie auf dünne Platten . . . . S. 53

IV. Zusammenfassung . . . . S. 58

V. Schrifttum . . . . S. 61

Mülheim (Ruhr), im Dezember 1957

Institut für Festigkeit
der Deutschen Versuchsanstalt für Luftfahrt e.V.

Leiter: Prof. Dr.-Ing. H. EBNER

I. EINLEITUNG

Bei der Dimensionierung von schlanken Stäben und dünnen Platten werden in der Praxis üblicherweise die kritischen Beanspruchungen zugrunde gelegt, wie sie sich bei Vernachlässigung der Trägheitswirkungen, die während der Verformung der Bauteile auftreten, ergeben.

Diese Vernachlässigung ist bei langsam aufgebrachter Belastung berechtigt. Im Grenzfall denkt man sich die Belastung unendlich langsam aufgebracht.

Ist diese Voraussetzung nicht mehr erfüllt, so müssen die Trägheitswirkungen, d.h. die träge Masse des Bauteils, berücksichtigt werden, um die wirklich auftretenden (dynamischen) Verformungen und Beanspruchungen bestimmen zu können.

Fälle solcher Art ergeben sich im Flugzeugbau bei Belastungen durch Böen, durch Rückstoßkräfte eingebauter Waffen, durch Landestöße, insbesondere bei Notlandungen; im Fahrzeugbau, in der Raketentechnik und im Schiffbau werden häufig die Konstruktionsteile schnell veränderlichen Drucklasten unterworfen; auch bei der Ermittlung der zulässigen Belastung eines Stabes in einer gewöhnlichen Prüfmaschine erfolgt die Bewegung des Druckstempels mit endlicher Geschwindigkeit.

Die dynamischen Verformungen und Beanspruchungen bei Vorgängen dieser Art zu bestimmen, ist das Ziel der in diesem Bericht diskutierten Arbeiten.

II. STÄBE

1. Grundlagen

a) Problemstellung

Es wird die ebene Bewegung eines homogenen schlanken Stabes mit konstantem Querschnitt im elastischen Bereich untersucht, der gleichzeitig Längs- und Querbewegungen ausführt. Der Stab habe in der Ebene der Bewegung eine schwache Vorkrümmung $w_o(x)$.

Schubverformung und Rotationsträgheit werden vernachlässigt, ebenso die Querkontraktion; keinerlei Art von Dämpfung wird berücksichtigt. Die auftretenden Spannungen sollen stets unterhalb der Elastizitätsgrenze bleiben. Das Elastizitätsgesetz ist linear, während in den geometrischen

Gleichungen zwischen Verzerrungen und Verschiebungsableitungen außer den linearen Gliedern noch die nichtlinearen Glieder $\frac{w'^2}{2} - \frac{w_o'^2}{2}$ mitgenommen werden[1].

b) Herleitung des Systems der partiellen Bewegungsdifferentialgleichungen für die Längsbewegung u (x,t) und die Querbewegung w (x,t); Rand- und Anfangsbedingungen

Die Punkte der elastischen Achse des Stabes machen Längsverschiebungen u (x,t) in Richtung der raumfesten $\hat{x}$-Achse und Querverschiebungen w (x,t) in Richtung der dazu senkrechten raumfesten $\hat{z}$-Achse; das körperfeste Koordinatensystem, das im unausgelenkten Zustand mit dem raumfesten zusammenfällt, sei mit x und z bezeichnet; die z-Achse ist eine Hauptträgheitsachse des Querschnittes (Abb. 1).

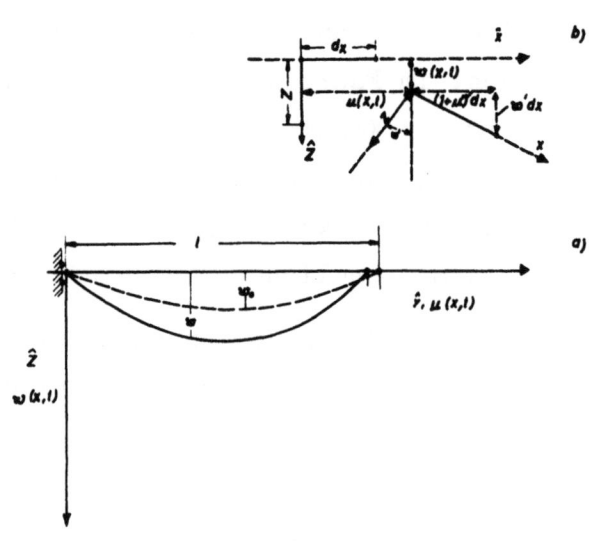

A b b i l d u n g   1
Stab in der ausgelenkten Lage

Bezeichnungen:

ϱ = Dichte
F = Querschnitt
l = Länge
E = Elastizitätsmodul

---

[1] KAPPUS, R.: Zur Elastizitätstheorie endlicher Verschiebungen. Z. angew. Math. Mech. 19 (1939) S. 350, Teil II

J = Flächenträgheitsmoment um die y-Achse (Biegeachse)

E_k = kinetische Energie des Stabes in der ausgelenkten Lage

E_p = potentielle Energie des Stabes in der ausgelenkten Lage (Formänderungsarbeit)

Es ist ferner im folgenden stets gesetzt

$$\frac{\partial}{\partial t} = ^{\cdot}\ ,\ \frac{\partial^2}{\partial t^2} = ^{\cdot\cdot}\ ,\ \frac{\partial}{\partial x} = ^{\prime}\ ,\ \frac{\partial^2}{\partial x^2} = ^{\prime\prime}\ ,\ \frac{\partial^4}{\partial x^4} = ^{(4)} \qquad (4)$$

Man erhält hier:

$$E_p = \frac{1}{2} EF \int_0^{\ell} (u' + \frac{w'^2}{2} - \frac{w_0'^2}{2})^2\ dx + \frac{1}{2} EJ \int_0^{\ell} (w'' - w_0'')^2\ dx$$
$$E_k = \frac{1}{2}\, \varrho F \int_0^{\ell} (\dot{u}^2 + \dot{w}^2)\ dx \qquad (1)$$

Das erste Glied in der potentiellen Energie stammt aus der Dehnung des Stabes, das zweite aus der Biegung.

Die für die Längsbewegungen u (x,t) und die Querbewegungen w (x,t) maßgebenden Bewegungsdifferentialgleichungen erhält man aus der Energie nach der folgenden Vorschrift (siehe HAMILTONsches Prinzip; EULERsche Differentialgleichungen):

Setzt man

$$\frac{1}{2} EF (u' + \frac{w'^2}{2} - \frac{w_0'^2}{2})^2 + \frac{1}{2} EJ (w'' - w_0'')^2 - \frac{1}{2} \varrho F (\dot{u}^2 + \dot{w}^2)$$
$$= \phi(x,t;\ u', w', w'', \dot{u}, \dot{w}) \qquad (2)$$

so erhält man die Bewegungsdifferentialgleichung in der Form:

$$\frac{d}{dx} \frac{\partial \phi}{\partial u'} + \frac{d}{dt} \frac{\partial \phi}{\partial \dot{u}} = 0\ ;\quad \frac{d}{dx} \frac{\partial \phi}{\partial w'} - \frac{d^2}{dx^2} \frac{\partial \phi}{\partial w''} + \frac{d}{dt} \frac{\partial \phi}{\partial \dot{w}} = 0 \qquad (2\text{ a})$$

Es ergibt sich somit unter Beachtung von (2) das folgende nichtlineare gekoppelte System partieller Differentialgleichungen

1. $\varrho F \ddot{u} - EF (u' + \frac{w'^2}{2} - \frac{w_0'^2}{2})' = 0$

2. $\varrho F \ddot{w} - EF \left[(u' + \frac{w'^2}{2} - \frac{w_0'^2}{2}) w' \right]' + EJ (w^{(4)} - w_0^{(4)}) = 0$

$$\qquad (3)$$

welches zusammen mit sechs Randbedingungen (auf jedem Rande drei) und
vier Anfangsbedingungen (Anfangswertkurven) die gesuchten Bewegungen
u (x,t) und w (x,t) beschreibt.

Da
$$-EF\left(u' + \frac{w'^2}{2} - \frac{w_0'^2}{2}\right) = P(x,t) \quad {}^{2)} \tag{4}$$

die axiale Druckbelastung an der Stelle x des Stabes zur Zeit t darstellt, kann man das System (3) auch in der Form

1. $\quad \varrho F \ddot{u} + P' = 0$

2. $\quad \varrho F \ddot{w} + (P w')' + EJ(w^{(4)} - w_0^{(4)}) = 0$ \hfill (5)

oder

2. $\quad \varrho F \ddot{w} + P w'' + P' w' + EJ(w^{(4)} - w_0^{(4)}) = 0$

anschreiben.

Bezüglich der Biegung, also für w (x,t), wird im folgenden (bis auf den Fall des Rechteckstoßes) nur die beiderseitig gelenkige Lagerung betrachtet, die auf die Randbedingungen

$$w(0,t) = w''(0,t) = w(\ell,t) = w''(\ell,t) = 0 \tag{6}$$

führt; für die beiden letzten Randbedingungen hat man stets

$$u(0,t) = 0$$

und entweder

$$P(\ell,t) = \bar{P}(t) \quad \text{gegeben} \quad \text{(vorgegebene Endbelastung)}$$

oder

$$u(\ell,t) = \bar{u}(t) \quad \text{gegeben} \quad \text{(vorgegebene Endverschiebung).}$$

Die Anfangsbedingungen für die Querbewegung sind in der folgenden Untersuchung beliebig; werden spezielle gewählt, so sind sie von der Form

$$w(x,0) = w_0(x), \quad \dot{w}(x,0) = 0 \tag{7}$$

Auf die Anfangsbedingungen für u (x,t) wird im Abschnitt II.1.c) eingegangen.

---
2) Druckkräfte werden im folgenden mit P bezeichnet, Zugkräfte mit -P

Das nichtlineare gekoppelte partielle System (3) läßt sich allgemein nicht lösen.

c) Vereinfachende Annahmen über die Längsbelastung

Um einen besseren Einblick in die verwickelten Vorgänge zu erhalten, sei zunächst das System betrachtet, das sich aus (3) bei Vernachlässigung von $\frac{w'^2}{2} - \frac{w_0'^2}{2}$ ergibt:

$$\varrho F \ddot{u} - EF u'' = 0$$
$$\varrho F \ddot{w} - EF(u' w')' + EJ(w^{(4)} - w_0^{(4)}) = 0 \qquad (8)$$

mit

$$-EF u' = P(x,t).$$

Aus der ersten Differentialgleichung des Systems (8) kann nun $u(x,t)$ [und damit $P(x,t)$] für die gegebenen Rand- und Anfangsbedingungen exakt bestimmt werden.

Diese Differentialgleichung ist die eindimensionale Wellengleichung. Ihre Lösungen kann man auf zweierlei Art bestimmen:

1) Als Superposition zweier Longitudinalwellen, die sich mit der Schallgeschwindigkeit $c = \sqrt{\frac{E}{\varrho}}$ in entgegengesetzter Richtung längs des Stabes ausbreiten,

2) mittels des Produktansatzes (Trennungsansatzes).

Es wird nun die Funktion $P(x,t)$ in <u>drei</u> für die weitere Untersuchung interessierenden Fällen bestimmt, und zwar wenn:

α) bei $x = \ell$ zur Zeit $t = 0$ plötzlich eine konstante Druckkraft P_0 aufgebracht wird (Kraftsprung)

Randbedingungen: $u(0,t) = 0, \; -EF u'(\ell,t) = \bar{P}(t) = P_0$
Anfangsbedingungen: $u(x,0) = 0, \; \dot{u}(x,0) = 0$

β) das Ende $x = \ell$ plötzlich von der Geschwindigkeit Null auf die konstante Geschwindigkeit v gebracht wird (Geschwindigkeitssprung)

Randbedingungen: $u(0,t) = 0, \; u(\ell,t) = \bar{u}(t) = -vt$
Anfangsbedingungen: $u(x,0) = 0, \; \dot{u}(x,0) = 0 \quad 0 \leq x < \ell$

γ) bei x = ℓ eine harmonisch veränderliche Kraft angreift
   Randbedingungen: $u(0,t) = 0$, $-EFu'(\ell,t) = \bar{P}(t) = P_1 \cos 2\pi ft$
   Anfangsbedingungen: beliebig

Der Verlauf von P (x,t) wird in den Fällen α) und β) nach dem ersten Verfahren bestimmt.

Dieses Verfahren kann mathematisch oder mit Hilfe mechanischer Überlegungen [1] durchgeführt werden.

Mathematische Durchführung

Die erste Differentialgleichung des Systems (8)

$$\ddot{u} - c^2 u'' = 0, \quad c^2 = \frac{E}{\rho}$$

hat die allgemeine Lösung

$$u(x,t) = \varphi_1(x-ct) + \varphi_2(x+ct);$$

darin sind $\varphi_1(x-ct)$ und $\varphi_2(x+ct)$
willkürliche Funktionen des Argumentes x - ct bzw. x + ct, die durch Anpassung an die Rand- und Anfangsbedingungen der speziellen Fragestellung die gesuchte Lösung ergeben. Für konstante Werte x - ct bzw. x + ct ist $\varphi_1(x-ct)$ bzw. $\varphi_2(x+ct)$ ebenfalls konstant (die Kurven konstanter Werte x - ct bzw. x + ct in einer x-t-Ebene stellen die "Charakteristiken" dar).

Man zeichne nun in einer x-t-Ebene die Linien x - ct = n ℓ bzw. x + ct = n ℓ bis zum Schnitt mit den Rändern t = 0, x = 0, x = ℓ ein (Abb. 2 a und 3 a).

Auf den Rändern, also für t = 0 und x = ℓ, ist der Wert von u (x,t) bzw. seiner ersten Ableitungen bekannt.

Der Deutlichkeit halber seien die folgenden Überlegungen an dem speziellen Fall α) durchgeführt.

Auf dem Rand t = 0 (Anfangsbedingungen) gilt

$$u(x,0) = \dot{u}(x,0) = 0, \quad \text{d.h. aber } \varphi_1(x,0) = -\varphi_2(x,0) = 0$$

auf den Rändern x = 0 und x = ℓ (Randbedingungen) gilt

$$\begin{aligned} x &= 0 & u(0,t) &= 0 \\ x &= \ell & u'(\ell,t) &= -\frac{P_0}{EF}. \end{aligned}$$

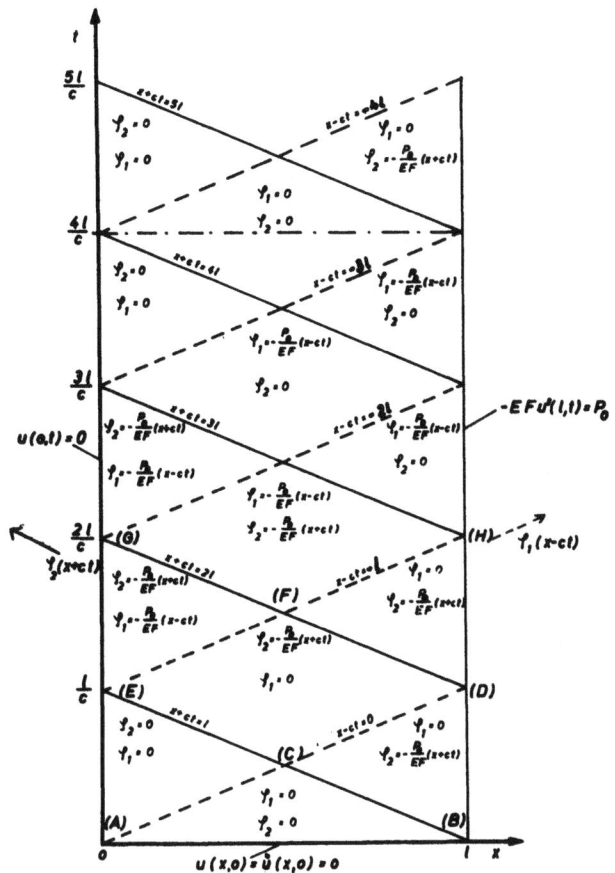

A b b i l d u n g   2 a

Bestimmung der Längsbewegung $u(x,t)$ für die Randbedingungen $u(0,t) = 0$
$- E F u'(\ell,t) = P_0$ und die Anfangsbedingungen $u(x,0) = \dot{u}(x,0) = 0$
(Kraftsprung, reine Längsbewegung)

Auf allen Linien $x - ct$ bzw. $x + ct$, die den Rand $t = 0$ schneiden, muß also $\varphi_1(x - ct)$ bzw. $\varphi_2(x + ct)$ den Wert Null haben.

Im Innern (und auf dem Rande) des Dreieckes (A) (D) (B) (Abb. 2 a) ergibt sich damit überall der Wert $\varphi_1 = 0$; entsprechend im Innern (und auf dem Rande) des Dreieckes (A) (B) (E) überall $\varphi_2 = 0$. Damit ist im Dreieck (A) (C) (B)

$$u(x,t) = \varphi_1(x-ct) + \varphi_2(x+ct) = 0 + 0 = 0$$

Für alle charakteristischen Linien nun, die den Rand $x = \ell$ schneiden, muß $u'(x,t) = -\dfrac{P_0}{EF}$ sein, für alle, die den Rand $x = 0$ schneiden, muß $u(x,t) = 0$ gelten.

Damit erhält man in dem Streifen (A) (D) (H) (E) stets $\varphi_1 = 0$, in dem Streifen (G) (D) (B) (E) stets $\varphi_2 = -\dfrac{P_0}{EF}(x + ct)$.

Seite 11

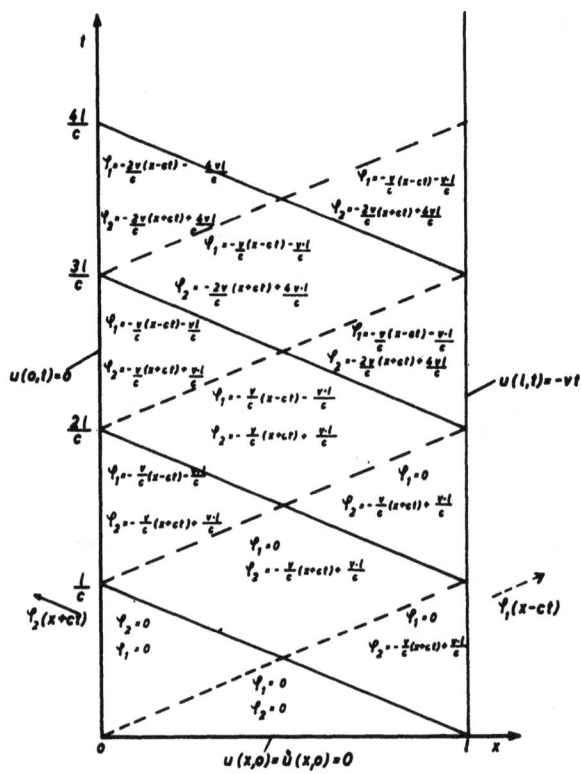

A b b i l d u n g   3 a

Bestimmung der Längsbewegung u (x,t) für die Randbedingungen u (o,t) = 0
u (ℓ,t) = - vt und die Anfangsbedingungen u (x,o) = 0, 0 $\leq$ x $\leq$ ℓ,
$\dot{u}$ (x,o)=0, 0 $\leq$ x < ℓ

(Geschwindigkeitssprung, reine Längsbewegung)

Man kennt damit nunmehr auch die vollständige Lösung u (x,t) in dem Gebiet (C) (D) (B)

$$u(x,t) = \varphi_1 + \varphi_2 = -\frac{P_0}{EF}(x+ct),$$

in dem Gebiet (E) (C) (A)

$$u(x,t) = 0$$

und in dem Gebiet (E) (C) (D) (F)

$$u(x,t) = -\frac{P_0}{EF}(x+ct)$$

So kann man weiter fortfahren.

In den Abbildungen 2 a und 3 a sind die Lösungen in den Fällen α) und β) für 0 $\leq$ t $\leq$ $\frac{4\ell}{c}$ bestimmt. Aus ihnen kann man ohne weiteres auf die Lösungen für die späteren Zeitpunkte schließen.

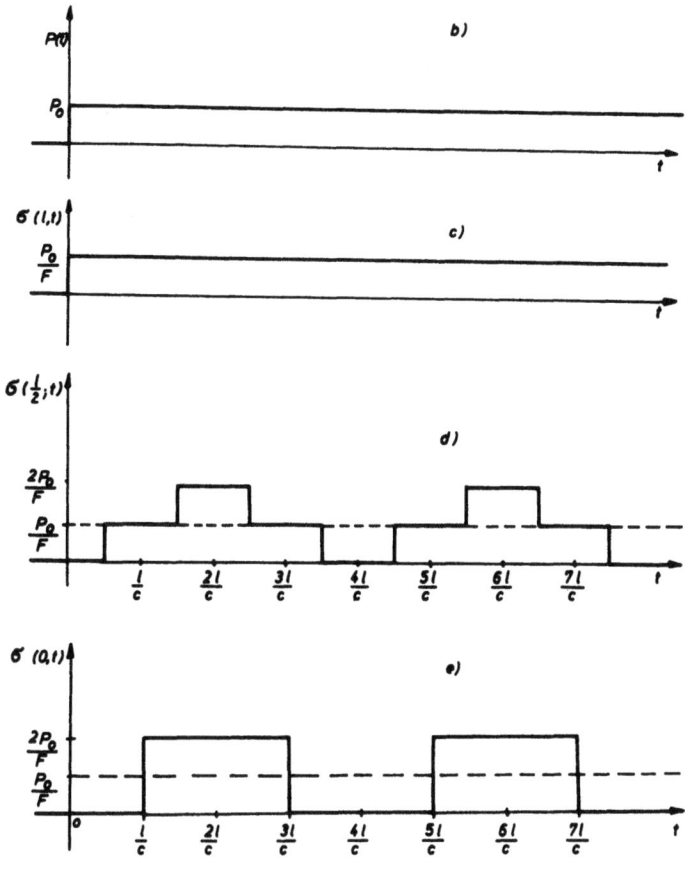

Abbildung 2b, c, d, e

Spannungsverlauf $\sigma(x,t)$ über t an den folgenden Stellen des Stabes:

c) $x = \ell$ (gestörtes Ende)

d) $x = \ell/2$

e) $x = 0$

bei reiner Längsbewegung und Kraftsprung (b) von der Größe P_o an der Stelle $x = \ell$. Die gestrichelten Linien stellen den statischen Spannungsverlauf dar ($\rho F \ddot{u} = 0$).

Die in den Abbildungen 2, c, d, e, 3, c, d, e, f dargestellten Kurven sind Schnitte der Funktion $- E u'(x,t) = \sigma(x,t)$ für x = const.

Mechanische Überlegungen [1]

α) Auf das axial verschiebliche (rechte) Ende $x = \ell$ des Stabes beginne zur Zeit $t = 0$ eine konstante Druckkraft P_o zu wirken; das andere Ende bei $x = 0$ sei fest. Infolge dieser Druckkraft wird sich der Querschnitt $x = \ell$ mit einer Geschwindigkeit v nach links bewegen. Gleichzeitig geht von dem Stabende eine Kompressionswelle aus, die sich mit der Schallgeschwindigkeit $c = \sqrt{\frac{E}{\rho}}$ des betreffenden Materials (für Stahl rund

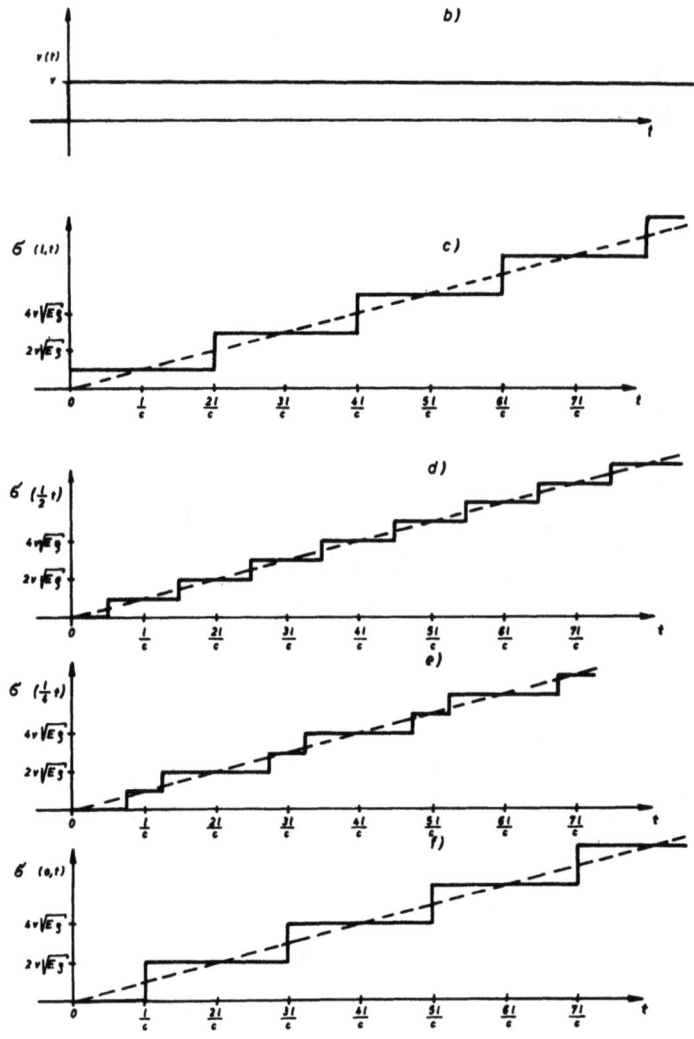

Abbildung 3 b, c, d, e, f

Spannungsverlauf $\sigma(x,t)$ über t an den folgenden Stellen des Stabes:

    c) $x = \ell$ (gestörtes Ende)   e) $x = \frac{\ell}{4}$

    d) $x = \frac{\ell}{2}$ f) $x = 0$

bei reiner Längsbewegung und Geschwindigkeitssprung (b) von der Größe v an der Stelle $x = \ell$. Die gestrichelten Linien stellen den instantanen Spannungsverlauf dar ($\rho F \ddot{u} = 0$, s. Fußnote 3), Seite 16)

5000 m/sec) längs des Stabes nach links ausbreitet. Nach der Zeit t_1 hat sich der Querschnitt um die Strecke $\Delta \ell$ nach links bewegt und ein Stück des Stabes von der Länge $\ell_1 = ct_1$ ist von dem Kompressions- und Geschwindigkeitszustand erfaßt, während der übrige Stab noch in Ruhe und spannungslos ist; in diesem Stück des Stabes herrscht überall die Spannung $\sigma = \frac{P_0}{F}$ und die Geschwindigkeit $-v$, die gleich der Spannung und der Geschwindigkeit am Ende bei $x = \ell$ sind. Dabei darf c nicht mit v verwechselt werden. Während $-v = +\dot{u}$ die Geschwindigkeit ist, mit der sich das materielle Teilchen aus seiner Ruhelage bewegt, ist c die Ausbreitungsgeschwindigkeit der Welle.

Zwischen der Spannung σ und der Geschwindigkeit v besteht die Beziehung

$$v\sqrt{E\varrho} = \sigma = \varrho v c \qquad (9)$$

die man z.B. aus dem Impulssatz

$$P_0 \, t_1 = m v = c \, t_1 \, \varrho \, F \, v$$

gewinnen kann.

Ist $t = \frac{\ell}{c}$, so ist der Kopf der Welle (die Störung) an dem anderen Ende des Stabes angekommen, und die Welle wird dort reflektiert. Dieses Ende des Stabes ist fest; es muß dort also stets u = 0 und damit auch $\dot{u}$ = 0 sein. Deshalb wird dort die Kompressionswelle wieder als Kompressionswelle reflektiert, d.h., die reflektierte Welle ist charakterisiert durch $\sigma = \frac{P_0}{F}$ und $\dot{u} = v$, da bei einer Kompressionswelle c und v stets dieselbe Richtung haben, die reflektierte Welle jetzt aber auch in umgekehrter Richtung läuft.

Die gesamte Geschwindigkeit aus der Überlagerung der ankommenden und der reflektierten Welle ist gleich Null. Also ist bei x = 0 die Randbedingung erfüllt. Nunmehr läuft die reflektierte Welle zu dem Ende $x = \ell$ hin. In dem von der ursprünglichen Welle und der reflektierten Welle überdeckten Teil des Stabes herrscht die Gesamtgeschwindigkeit Null und die Gesamtspannung $\sigma = \frac{2 P_0}{F}$. An dem Ende $x = \ell$ angekommen, muß die Kompressionswelle nunmehr als Dilatationswelle reflektiert werden, denn es muß dort stets die Randbedingung $- E F u'(\ell,t) = P_0$ erfüllt sein. Die reflektierte Dilatationswelle läuft nach x = 0 hin; in dem von ihr überdeckten Gebiet herrscht die Gesamtspannung $\sigma = \frac{P_0}{F}$ und die Gesamtgeschwindigkeit v (in einer Dilatationswelle haben c und v die entgegengesetzte Richtung). Am festen Ende x = 0 wird die Dilatationswelle wegen der Erfüllung der Randbedingung als Dilatationswelle zurückgeworfen, so daß sich dort jetzt durch die Überlagerung die Gesamtgeschwindigkeit Null und die Gesamtspannung Null einstellen; die bei x = 0 reflektierte Dilatationswelle läuft nun zu dem gestörten Ende zurück, wobei in dem von ihr überdeckten Teil die Gesamtspannung

Null und die Gesamtgeschwindigkeit Null entsteht. Am Ende $x = \ell$ wird
die Dilatationswelle jetzt wegen der Erfüllung der Randbedingung
$- E F u'(\ell,t) = P_o$ als Kompressionswelle zurückgeworfen, und der eben
beschriebene Vorgang wiederholt sich so mit der Periode $\frac{4\ell}{c}$. Es sei
noch darauf aufmerksam gemacht, daß in jedem Wellenzug

$$\left| v \sqrt{E\varrho} \right| = \left| \sigma \right|$$

gilt, daß man diese Beziehung aber nicht auf die Gesamtspannung und
Gesamtgeschwindigkeit anwenden darf.

Aus diesen Überlegungen ergeben sich die in der Abbildung 2 dargestellten Spannungsverläufe über der Zeit an den Stellen $x = \ell$, $x = \frac{\ell}{2}$ und
$x = 0$. Man erkennt hieraus das eben Dargelegte: Der ursprünglich ruhende und spannungsfreie Stab hat erst nach der Zeit $t = \frac{\ell}{c}$ in seiner
ganzen Länge einen Spannungs- und Bewegungszustand angenommen, und die
Spannung schwankt im weiteren Verlauf an jeder Stelle x um den Mittelwert $\sigma = \frac{P_o}{F}$, und zwar mit der Amplitude $\frac{P_o}{F}$ und der Periode $\frac{4\ell}{c}$.

β) Das Ende $x = \ell$ des Stabes wird zwangsläufig mit der konstanten
Geschwindigkeit v nach links in axialer Richtung verschoben, wobei
der Endquerschnitt zur Zeit $t = 0$ plötzlich von der Geschwindigkeit
Null auf die Geschwindigkeit v gebracht wird. In Verfolgung des obigen
Gedankenganges erhält man dann die Spannungsverläufe über der Zeit an
den Stellen $x = \ell$, $x = \frac{\ell}{2}$, $x = \frac{\ell}{4}$ und $x = 0$, wie sie in Abbildung 3
dargestellt sind.

Die in den Abbildungen 2c d e und 3c d e f gestrichelt eingezeichneten Linien sind die gemittelten Spannungsverläufe; sie stellen den
"instantanen"[3] Spannungszustand dar, d.h. jenen Spannungszustand, der
sich bei Vernachlässigung des Trägheitsgliedes $\varrho F \ddot{u}$ in (8) ergibt.
Die wirklichen Spannungsverläufe sind Stufenkurven; die Höhe der Stufen
wächst mit wachsendem P_o bzw. v.

---

[3] Der Spannungszustand, der sich bei Vernachlässigung des Trägheitsgliedes $\varrho F \ddot{u}$ ergibt, sei als "instantaner" Spannungszustand bezeichnet, da er ohne jede zeitliche Verzögerung durch die Trägheit
<u>sofort</u> und mit den gleichen Werten wie am gestörten Ende längs des
gesamten Stabes auftritt.
In den meisten Arbeiten wird er als "statischer" Spannungszustand
bezeichnet. Diese Definition führt aber zu Unklarheiten, da als
statischer Spannungszustand nur der Spannungszustand bei ruhender
zeitunabhängiger Belastung P_o bezeichnet wird

γ) An dem Ende $x = \ell$ greift die pulsierende Kraft $\bar{P}(t) = P_1 \cos 2\pi ft$ an. Der stationäre Spannungsverlauf ergibt sich hier zu

$$\sigma(x,t) = \frac{P_1}{F} \cdot \frac{1}{\cos\frac{\pi f}{2f_0}} \cdot \cos\left(\frac{\pi f}{2\ell f_0} \cdot x\right) \cdot \cos 2\pi ft,$$

(Die Eigenschwingungen sind hier weggelassen). Ist die Frequenz f der pulsierenden Kraft sehr klein gegen die Frequenz der ersten Längseigenschwingung $f_0 = \frac{c}{4\ell}$, so sieht man, daß $\sigma(x,t)$ nur sehr wenig von x abhängt. Je besser die Voraussetzung $f_0 \gg f$ erfüllt ist, um so mehr nähert sich der wirkliche Spannungszustand dem "instantanen", von x unabhängigen Spannungszustand.

Die Querbewegung kann bei bekanntem u'(x,t) aus der zweiten Gleichung des Systems (8) bestimmt werden. Da $P(x,t) = - F E u'$ eine Funktion von x und t ist, ist diese Differentialgleichung exakt nicht lösbar. Der Produktansatz versagt dann bereits in dem einfachen Fall der beiderseitig gelenkigen Lagerung. Man setzt deshalb an Stelle des wirklichen Verlaufes von P(x,t) den instantanen ein. Damit ist P(x,t) = P(t) nur noch eine Funktion der Zeit; es gilt dann P' = 0, d.h. aber auch nach (8) : $\varrho F \ddot{u} = 0$. Die so berechnete Bewegung wird um so mehr der wirklichen Bewegung entsprechen, je mehr der wirkliche Verlauf von P(x,t) dem instantanen Verlauf entspricht. Diese Ersetzung erfolgt aus den folgenden Überlegungen:

Bekanntlich sind die Biegeeigenschwingungen eines Stabes sehr viel langsamer als die Längseigenschwingungen entsprechender Ordnung. (Die Grundfrequenzen stehen im Verhältnis $\frac{f_0}{f_1} = \frac{\ell}{i} \cdot \frac{1}{2\pi}$ für den Fall des fest-freien, beiderseitig gelenkig gelagerten Stabes, der hier vorliegt ($i = \sqrt{\frac{J}{F}}$.) So ist z.B. bei einem Stab vom Schlankheitsgrad $\frac{\ell}{i} = 150$ das Verhältnis von f_0 zu f_1 gleich $\frac{150}{6,28} \approx 24$.

Deshalb spielen Zeiten von der Größenordnung $\frac{\ell}{c}$ für die Querbewegung nur eine geringe Rolle. Durch eine axial eingeleitete Randstörung wird ein ursprünglich ruhender und spannungsloser Stab schon vollkommen vom Längsspannungs- und Bewegungszustand erfaßt sein, bevor die Querbewegung eigentlich begonnen hat. Aus dem gleichen Grunde wird man auch mit dem instantanen Spannungszustand rechnen dürfen, sofern man darauf achtet, daß die Größen f, v und P_0 nicht zu groß gewählt sind.

Arbeiten, die den Einfluß von P' = 0 auf die Querbewegung <u>genauer</u> untersuchen, sind in der Literatur nicht vorhanden.

Es liegt nahe, zur Lösung des schwierigeren nichtlinearen Systems (3) dieselben Gedankengänge zu benutzen.

Die Forderung P' = 0 führt hier auf die Bedingung

$$- EF \left(u' + \frac{w'^2}{2} - \frac{w_0'^2}{2} \right)' = 0 \tag{10}$$

Die Bestimmung der Querbewegung unter der Annahme (10) (instantaner Längsspannungsverlauf, siehe dazu auch [2], S. 11 und S. 13) ist das Ziel der weiteren Untersuchungen der verschiedenen Autoren.

2. Entkopplung des Systems auf Grund der Annahmen 1.c)

Das Differentialgleichungssystem (3) reduziert sich unter der Voraussetzung (10) auf

$$\rho F \ddot{w} + P(\ell, t) w'' + EJ \left(w^{(4)} - w_0^{(4)} \right) = 0 \tag{11}$$

mit

$$\frac{P(\ell, t)}{EF} = \frac{P(x, t)}{EF} = - \left(u' + \frac{w'^2}{2} - \frac{w_0'^2}{2} \right) \tag{12}$$

a) Die partielle Differentialgleichung für die Querbewegung bei vorgegebener Endbelastung $\bar{P}(t)$

Ist an der Stelle $x = \ell$ des Stabes die axiale Belastung $\bar{P}(t)$ vorgegeben, so erhält man für $w(x, t)$ die <u>lineare</u> Differentialgleichung

$$\rho F \ddot{w} + \bar{P}(t) w'' + EJ \left(w^{(4)} - w_0^{(4)} \right) = 0 \tag{13}$$

Der Koeffizient von w" ist im allgemeinen zeitabhängig.

b) Die partielle Differentialgleichung für die Querbewegung bei vorgegebener Endverschiebung $\bar{u}(t)$

Man erhält durch einmalige Integration nach x aus (12) und unter Beachtung von

$$\bar{u}(t) = u(\ell, t) \tag{14}$$

für $P(\ell, t)$ den Ausdruck

$$P(\ell,t) = -\frac{EF}{\ell}\left[\bar{u}(t) + \int_0^\ell \left(\frac{w'^2}{2} - \frac{w_0'^2}{2}\right) dx\right] \tag{15}$$

Einführung von (15) in (11) liefert

$$\rho F \ddot{w} - \frac{EF}{\ell}\left[\bar{u}(t) + \int_0^\ell \left(\frac{w'^2}{2} - \frac{w_0'^2}{2}\right) dx\right] w'' + EJ(w^{(4)} - w_0^{(4)}) = 0 \tag{16}$$

Die Differentialgleichung zur Bestimmung von $w(x,t)$ ist also in diesem Falle eine nichtlineare Integro-Differentialgleichung, in der der Koeffizient von w'' zeitlich veränderlich ist.

3. Lösungen der Differentialgleichung für die Querbewegung bei beiderseitig gelenkiger Lagerung des Stabes

Die beiderseitig gelenkige Lagerung des Stabes führt auf die Randbedingungen (6). Diese werden durch den Ansatz

$$w(x,t) = \sum_1^\infty g_n(t) \sin\frac{n\pi x}{\ell} \tag{17}$$

erfüllt; hierin sind die $g_n(t)$ unbekannte Funktionen der Zeit, die so bestimmt werden müssen, daß sie die Differentialgleichung erfüllen. Die Vorkrümmung $w_0(x)$ wird stets in der Form

$$w_0(x) = d_0 \sin\frac{\pi x}{\ell} \tag{18}$$

angenommen (erstes Glied der Entwicklung nach den Eigenfunktionen des geraden Stabes).

Einführung von (17) und (18) in die Differentialgleichung (13) bzw. (16) liefert je ein unendliches inhomogenes System gewöhnlicher Differentialgleichungen für die Funktionen $g_n(t)$, das im Falle 2 a) linear und entkoppelt und im Falle 2 b) nichtlinear und gekoppelt ist.

a) Vorgegebene Endbelastung $\bar{P}(t)$

$\alpha)$ $\bar{P}(t)$ ist harmonisch veränderlich, und zwar von der Form

$$\bar{P}(t) = P_0 - P_1 \cos 2\pi f t \tag{19}$$

P_o und P_1 sind Druckkräfte, f ist die Frequenz der pulsierenden Belastung.

Das Verhalten eines Stabes unter pulsierender Belastung wurde ungefähr zur gleichen Zeit und in ähnlicher Weise (sowie mit den gleichen Ergebnissen) in Deutschland von KLOTTER [3] und METTLER [4,5] sowie in Amerika von LUBKIN und STOKER [6] unabhängig voneinander untersucht. Die Frage ist vor allem vom theoretischen Standpunkt aus von Interesse. Wir beschränken uns hier auf die Untersuchungen am geraden Stab (für Stäbe mit schwacher Vorkrümmung sei auf [5] verwiesen). Einsetzen von w (x,t) nach (17) in (13) liefert für die gesuchten Funktionen g_n (t) die MATHIEUschen Differentialgleichungen

$$\frac{d^2 g_n}{d\vartheta^2} + (\alpha_n + \beta_n \cos \vartheta) g_n = 0 \qquad (20)$$

$$(n = 1,2,3,\cdots\infty)$$

mit

$$\vartheta = 2\pi f t, \quad \alpha_n = \frac{f_1^2 (n^2 - p) n^2}{f^2} = \frac{f_{nP_o}^2}{f^2}$$

$$f_1^2 = \frac{\pi^2}{4\ell^4} \cdot \frac{EJ}{\varrho F}, \quad \beta_n = \frac{p_1 n^2 f_1^2}{f^2}, \quad p = \frac{P_o}{P_E}, \quad p_1 = \frac{P_1}{P_E}, \quad P_E = \frac{EJ\pi^2}{\ell^2} \qquad (21)$$

f_1 = Grundbiegeeigenfrequenz des unbelasteten Stabes

f_{nP_o} = n-te Biegeeigenfrequenz des mit P_o belasteten Stabes.

Die Formen der Lösungen der MATHIEUschen Differentialgleichung sind seit langem bekannt. Ihre allgemeine Lösung für alle Werte α und β, die nicht zu den Grenzfällen zwischen beschränkten und unbeschränkten Lösungen gehören, lautet:

$$g(\vartheta) = A e^{\mu\vartheta} h_1(\vartheta) + B e^{-\mu\vartheta} h_2(\vartheta) \qquad (22)$$

A und B sind Integrationskonstanten, $h_1(\vartheta)$ und $h_2(\vartheta)$ sind beschränkte periodische Funktionen mit der Frequenz des harmonischen Koeffizienten der Differentialgleichung; $\mu(\alpha,\beta)$ wird als charakteristischer Exponent bezeichnet. Er bestimmt die Stabilität der Lösung.

Für die Grenzfälle erhält man die allgemeine Lösung zu

$$g(\vartheta) = A k_1(\vartheta) + B \left[\vartheta k_1(\vartheta) + k_2(\vartheta)\right]. \qquad (23)$$

wo $k_1(\vartheta)$ und $k_2(\vartheta)$ beschränkte periodische Funktionen mit der halben oder ganzen Periode des harmonischen Koeffizienten der Differentialgleichung sind.

Zeichnet man in einer α-β-Ebene die zusammengehörigen Parameterwerte α und β auf, die zu Lösungen von der Form (23) führen, so ergeben sich Kurven, die die Gebiete der zu beschränkten Lösungen gehörenden Parameterwerte (stabile Gebiete) von denen trennen, die zu aufschaukelnden Lösungen gehören (instabile Gebiete). Die zu den Grenzkurven gehörenden Parameterwerte sind bekannt[4], und ihre Auftragung in der α-β-Ebene wird als STRUTTsche Karte bezeichnet (Abb. 4). An Hand der STRUTTschen Karte kann man also bei gegebenem α und β ohne weitere Rechnung entscheiden, ob die Lösung stabil oder instabil ist. Da die Grenzkurven ohne Dämpfung berechnet wurden, liegt man stets auf der sicheren Seite.

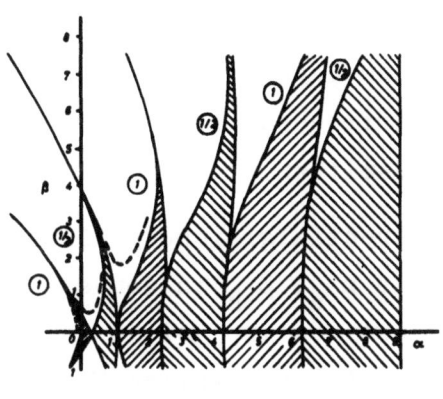

A b b i l d u n g 4
STRUTTsche Karte

Die schraffierten Gebiete geben die Gebiete stabiler Lösungen an. Die gestrichelten Kurven zeigen (skizziert) die Vergrößerung der stabilen Gebiete durch eine geschwindigkeitsproportionale Dämpfung an

$(1/2)$: $\mu(\alpha,\beta) = \lambda(\alpha,\beta) + i \cdot \dfrac{2n+1}{2}$

λ reell; $i = \sqrt{-1}$

$g(\vartheta) = A e^{\lambda\vartheta} H_{\frac{2n+1}{2}}(\vartheta) + B e^{-\lambda\vartheta} K_{\frac{2n+1}{2}}(\vartheta)$

$H_{\frac{2n+1}{2}}(\vartheta)$, $K_{\frac{2n+1}{2}}(\vartheta)$ sind beschränkte periodische Funktionen mit der halben Frequenz des periodischen Koeffizienten

(1) : $\mu(\alpha,\beta) = \lambda(\alpha,\beta) + i \cdot n$ $g(\vartheta) = A e^{\lambda\vartheta} H_n(\vartheta) + B e^{-\lambda\vartheta} K_n(\vartheta)$

$H_n(\vartheta)$, $K_n(\vartheta)$ sind beschränkte periodische Funktionen mit der Frequenz des periodischen Koeffizienten

---

[4] Ince, E.L.: Proc. Roy. Soc. Edinburgh 52 (1931/32)

Aus der STRUTTschen Karte kann man das Folgende ablesen: Die negative
α-Achse mit Einschluß des Nullpunktes ist instabil, die positive
α-Achse ist stabil. Für $\alpha > 0$ gibt es unendlich viele instabile
Gebiete; doch werden sie mit wachsendem α für nicht zu große Werte
von β sehr schmal und schon die geringste Dämpfung bringt sie für alle
praktisch interessierenden β-Werte zum Verschwinden. Wichtig sind die
ersten instabilen Gebiete und besonders das erste, das sich bei $\alpha = \frac{1}{4}$
öffnet.

Auf das hier vorliegende Beispiel des durch eine harmonische Längskraft
belasteten Stabes angewendet, bedeutet die STRUTTsche Karte das Folgende: Die α-Achse stellt den Fall $P_1 = 0$ dar; sie gibt also das Stabilitätsverhalten für die Querbewegung bei konstanter axialer Belastung
wieder. Ist P_0 eine Druckkraft, so ist α so lange positiv, wie
$P_0 < n^2 P_E$ ist. Für $P_0 = n^2 P_E$ ist $\alpha = 0$, man befindet sich also
im Nullpunkt der STRUTTschen Karte. Wird die Druckkraft noch größer,
so ist α negativ. Bei einem gegebenen Stab werden α und β um so
kleiner, je größer die Störfrequenz ist; α und β wachsen mit wachsendem n, α wächst stärker damit an.

Damit die Lösung der Differentialgleichung für die Querbewegung stabil
ist, müssen sämtliche Werte α_n, β_n in den stabilen Gebieten liegen.
Wegen des starken Anwachsens von α_n mit n fallen die α_n für die
höheren Glieder in den wesentlich stabilen Teil der STRUTTschen Karte,
wo die etwa in Frage kommenden schmalen Instabilitätsbereiche schon
durch die geringste Dämpfung zum Verschwinden gebracht werden (siehe
dazu auch [6]). Es interessieren deswegen immer nur einige Glieder der
Lösung. Für Werte von $\alpha_n \approx \frac{1}{4}$, also für $f \approx 2f_{nP_0}$, sind besonders
starke Aufschaukelungen schon bei kleinen Werten von β zu erwarten.
Für den Fall n = 1 seien einige charakteristische Beispiele [6] gebracht.

1. Beispiel

$-P_0$ sei eine Zugkraft von der Größe der ersten EULERlast. Es sei ferner $f_1^2/f^2 = \frac{1}{2}$; dann ist $\alpha_1 = f_{1P_0}^2/f^2 = 1$. Ein Blick auf die STRUTTsche Karte zeigt, daß dann schon für kleine Werte von β die Lösung
instabil wird (zweiter instabiler Bereich).

Mit $f_1^2/f^2 = \frac{1}{8}$, also $\alpha_1 = f_{1P_0}^2/f^2 = \frac{1}{4}$, käme man bereits in den
ersten instabilen Bereich.

2. Beispiel

P_o sei eine Druckkraft, und zwar doppelt so groß wie die erste EULERlast. Man erhält dann mit $f_1^2/f^2 = \frac{1}{4}$ den Wert $\alpha_1 = -\frac{1}{4}$. Ist $p_1 = 3,1$, so ergibt sich $\beta_1 = 0,775$. Dieses Wertepaar α_1, β_1 liegt in dem kleinen stabilen Bereich, der sich vom Nullpunkt aus nach negativen α-Werten erstreckt.

3. Beispiel

Ein Stahlstab von 100 cm Länge und einem Schlankheitsgrad von $\frac{\ell}{i} = 150$ sei vorgegeben. Wie groß müssen für die Druckkräfte

$$\frac{P_o}{P_E} = 0\,;\quad 0,25;\quad 0,5;\quad 0,75$$

die Störfrequenzen sein, damit der Wert von $\alpha_1 = 0,25$ ist?

Die erste Biegeeigenfrequenz eines mit der Druckkraft P_o belasteten Stabes ergibt sich zu

$$f_{1P_o} = \frac{\pi}{2\ell}\sqrt{\frac{E}{\rho}} \cdot \frac{i}{\ell}\sqrt{1 - \frac{P_o}{P_E}}\ ;$$

man erhält also

$$f = 105\ \text{Hz}\,;\quad 91\ \text{Hz}\,;\quad 74,5\ \text{Hz}\,;\quad 52,5\ \text{Hz}.$$

In praktischen Fällen wird P_1 stets klein gegen P_o sein. Man sollte also meinen, daß der Einfluß des harmonischen Zusatzgliedes dann gering sei, so daß das Verhalten des Stabes angenähert dem unter statischen[5] Bedingungen entspricht. Das ist jedoch nicht der Fall. Bei geeigneter Wahl der Störfrequenz kann der Stab ausknicken, selbst wenn P_o als Zugkraft wirkt oder aber als Druckkraft noch unterhalb der ersten EULERlast liegt (Beispiel 1). Andererseits zeigt Beispiel 2, daß der Stab bei geeigneter Wahl von P_1 und f noch bei Druckkräften oberhalb P_E nicht auszuknicken braucht.

---

[5] In den folgenden Untersuchungen werden stets drei Größen unterschieden:
statisch (Index stat): ergeben sich bei $\bar{P} = P_o$ und $\int F \ddot{w} = 0$
instantan (Index inst): ergeben sich bei $\bar{P}(t)$ oder $\bar{u}(t)$, $\int F \ddot{w} = 0$,
dynamisch (Index dyn) : ergeben sich bei $\bar{P}(t)$ oder $\bar{u}(t)$ und
Berücksichtigung von $\int F \ddot{w}$

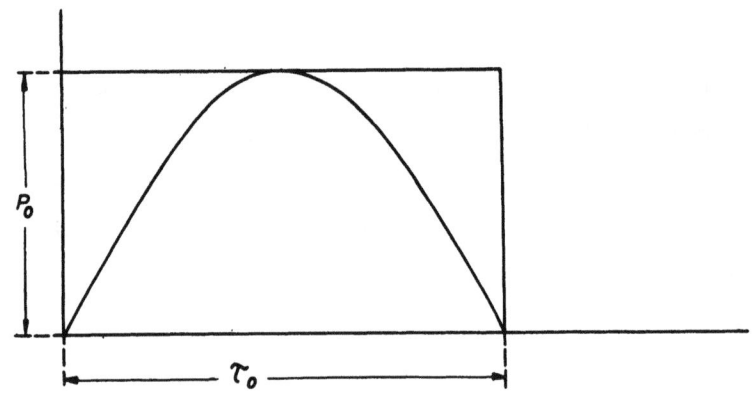

Abbildung 5
Rechteckstoß und Sinusstoß

β) $\bar{P}$ (t): Rechteckstoß (Abb. 5).

Mit der Wirkung einer nur kurzzeitig aufgebrachten Druckkraft, also einer Stoßkraft, beschäftigt sich eine Anzahl von Arbeiten. Um den mathematischen Aufwand in erträglichen Grenzen zu halten und übersichtliche Ergebnisse zu erzielen, wird der Stoß als Rechteckstoß idealisiert; die Höhe des Rechteckes ist gleich der Stoßkraft P_o; die Breite ist gleich der Stoßzeit τ_o. Wäre der Stoß z.B. als harmonische Funktion der Zeit gegeben, so erhielte man während der Stoßzeit bereits eine Differentialgleichung mit harmonischen Koeffizienten (siehe 3.a) α), der Rechteckstoß dagegen führt auf eine mit konstanten Koeffizienten. Biegeauslenkungen und Beanspruchungen werden bekanntlich bei einem Rechteckstoß größer als bei einem Halbsinuswellenstoß gleicher Zeitdauer und gleicher Amplitude, so daß man weiß, nach welcher Seite der Fehler bei der Idealisierung geht.

Bei Stoßbeginn, also für t = 0, ist der Stab in Ruhe. Es ergeben sich die Anfangsbedingungen (7).

Gerade Stäbe würden unter diesen Anfangsbedingungen - ohne eine zusätzliche Querstörung - für alle Zeiten in Ruhe bleiben. Vorgekrümmte Stäbe führen aber auf inhomogene Gleichungen und werden auch ohne zusätzliche Störungen durch den Stoß in Bewegung gesetzt.

Die grundlegende Untersuchung wurde 1933 von KONING und TAUB [7] durchgeführt; MEYER [8] hat im Jahre 1945 dieselbe Methode entwickelt.

Mit Beschränkung der Vorkrümmung auf (18) reduziert sich der Ansatz (17) für w (x,t) auf

$$w(x,t) = g_1(t) \sin \frac{\pi x}{l} = g(t) \sin \frac{\pi x}{l}, \tag{24}$$

wie man leicht nachrechnen kann, da unter den angegebenen Anfangsbedingungen alle anderen Funktionen $g_n(t)$ sowohl während als auch nach dem Stoß gleich Null sind. Der Stab schwingt also stets in der Form einer Halbsinuswelle. Mit

$$\eta(x,t) = w(x,t) - w_0(x) = \left[g(t) - d_0\right] \sin \frac{\pi x}{l} = h(t) \sin \frac{\pi x}{l} \tag{25}$$

ergibt sich zur Bestimmung von h (t) aus (13)

I. Abschnitt (während des Stoßes):

Differentialgleichung

$$\ddot{h}_I + \frac{\pi^4 EJ}{l^4 \rho F}\left(1 - \frac{P_0}{P_E}\right) h_I = d_0 P_0 \frac{\pi^2}{l^2} \cdot \frac{1}{\rho F}$$

Anfangsbedingungen $\tag{26}$

$$h_I(0) = \dot{h}_I(0) = 0$$

II. Abschnitt (nach dem Stoß):

$$\ddot{h}_{II} + \frac{\pi^4 EJ}{l^4 \rho F} h_{II} = 0$$

(zeitliche) Übergangsbedingungen

$$h_I(\tau_0) = h_{II}(\tau_0), \quad \dot{h}_I(\tau_0) = \dot{h}_{II}(\tau_0). \tag{27}$$

Setzt man

$$b = \tau_0 \cdot f_1 = \frac{\tau_0}{T_1} \tag{28}$$

und benutzt die Abkürzungen aus (21), so erhält man die folgenden Lösungen

1. Die Druckkraft ist kleiner als die erste EULERlast.

I. Abschnitt

$$\eta(x,t) = h(t) \sin \frac{\pi x}{l} = d_0 \frac{p}{1-p}\left[1 - \cos(2\pi f_1 \sqrt{1-p}\, t)\right] \sin \frac{\pi x}{l} \tag{29}$$

Die Bewegung während des Stoßes ist also eine Schwingung um die aus der Statik bekannte Gleichgewichtslage.

II. Abschnitt

$$\eta(x,t) = d_0 \frac{p}{1-p} \sqrt{2-2\cos(2\pi b\sqrt{1-p}) - p\sin^2(2\pi b\sqrt{1-p})} \sin(2\pi f_1 t + \varphi)\sin\frac{\pi x}{l} \quad (30)$$

$$= C_{1_{II}} \sin(2\pi f_1 t + \varphi)\sin\frac{\pi x}{l}$$

Die Bewegung nach dem Stoß ist eine Schwingung um die ursprüngliche Gleichgewichtslage.

2. Die Druckkraft ist gleich der ersten EULERlast.

I. Abschnitt

$$\eta(x,t) = d_0 \frac{EJ}{2\varrho F} \frac{\pi^4}{l^4} t^2 \sin\frac{\pi x}{l} \quad (31)$$

II. Abschnitt

$$\eta(x,t) = 2\pi b\, d_0 \sqrt{\pi^2 b + 1}\, \sin(2\pi f_1 t + \varphi)\sin\frac{\pi x}{l} \quad (32)$$

$$= C_{2_{II}} \sin(2\pi f_1 t + \varphi)\sin\frac{\pi x}{l}$$

3. Die Druckkraft ist größer als die erste EULERlast.

I. Abschnitt

$$\eta(x,t) = d_0 \frac{p}{p-1}\left[\cosh(2\pi f_1 \sqrt{p-1}\, t) - 1\right]\sin\frac{\pi x}{l} \quad (33)$$

II. Abschnitt

$$\eta(x,t) = d_0 \frac{p}{p-1}\sqrt{2 - 2\cosh(2\pi b\sqrt{p-1}) + p\sinh^2(2\pi b\sqrt{p-1})}\sin(2\pi f_1 t + \varphi)\sin\frac{\pi x}{l} \quad (34)$$

$$= C_{3_{II}}\sin(2\pi f_1 t + \varphi)\sin\frac{\pi x}{l}$$

Der maximale Ausschlag des Stabes kann während oder nach der Stoßperiode auftreten, und zwar hängt das von den Werten $\frac{P_0}{P_E}$ und $b = \frac{t_0}{T_1}$ ab. Bei Stoßkräften kleiner als die erste EULERlast tritt er bei kleinem b erst nach dem Stoß auf, bei größerem b während des Stoßes. Für Druckkräfte, die größer sind als die erste EULERlast, tritt er immer erst nach dem Stoß auf. Es ergibt sich so:

1. Die Druckkraft ist kleiner als die erste EULERlast

α) $b < \frac{1}{2(1-p)}$; der maximale Ausschlag ergibt sich aus (30) zu

$$\eta_{max}(x) = C_{1\text{I}} \sin \frac{\pi x}{\ell} \tag{35}$$

β) $b > \frac{1}{2(1-p)}$; der maximale Ausschlag ergibt sich aus (29) zu

$$\eta_{max}(x) = d_0 \frac{2p}{1-p} \sin \frac{\pi x}{\ell} \tag{36}$$

2. Die Druckkraft ist gleich der ersten EULERlast.

Der maximale Ausschlag ergibt sich aus (32) zu

$$\eta_{max}(x) = C_{2\text{II}} \sin \frac{\pi x}{\ell} \tag{37}$$

3. Die Druckkraft ist größer als die erste EULERlast.

Der maximale Ausschlag ergibt sich aus (34) zu

$$\eta_{max}(x) = C_{3\text{II}} \sin \frac{\pi x}{\ell} \tag{38}$$

In Abbildung 6 ist $\frac{\eta_{max}(\ell/2)}{d_0}$ über $b = \frac{\tau_0}{T_1}$ mit $p = \frac{P_0}{P_E}$ als Parameter aufgetragen. Die Abbildung 6 läßt erkennen, daß auch für Druckkräfte oberhalb der ersten EULERlast die maximale Biegeauslenkung klein ist, solange $b = \frac{\tau_0}{T_1}$ klein ist, also für kleine Stoßzeiten. Für Druckkräfte kleiner als die erste EULERlast erreichen sie bei einer bestimmten Belastungsdauer einen Grenzwert, während sie für Druckkräfte oberhalb der ersten EULERlast monoton ansteigen. Die Ausschläge wachsen ferner mit der Größe von P_0.

Durch Multiplikation mit $E J d_0 \frac{\pi^2}{\ell^2}$ erhält man aus den Werten der Abbildung 6 die maximalen Biegemomente.

In Abbildung 7 werden die Biegebeanspruchungen genauer untersucht. Es ist dort das Verhältnis des maximalen Biegemomentes im dynamischen Fall zum maximalen Biegemoment im statischen Fall über $b = \frac{\tau_0}{T_1}$ mit $p = \frac{P_0}{P_E}$ als Parameter aufgetragen (da die lineare Beziehung zwischen Krümmung und Biegemoment im statischen Fall für Werte von $P_0 \gtreqless P_E$ versagt, nur im Bereich $P_0 < P_E$). Man sieht, daß für kleine Werte von b, d.h. kurze Stoßdauern, das maximale dynamische Biegemoment kleiner als das statische

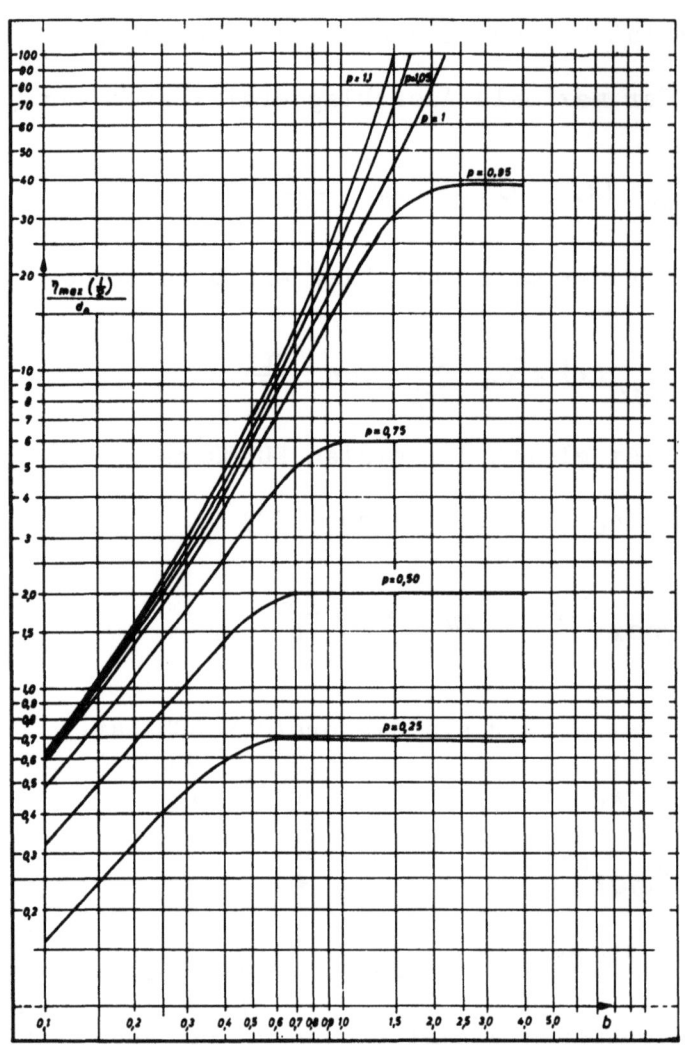

Abbildung 6

Maximale dynamische Biegeauslenkung der Stabmitte in Abhängigkeit von der Stoßdauer mit $p = \frac{P_O}{P_E}$ als Parameter für beiderseitig gelenkige Lagerung (nach [7]). Beide Achsen im logarithmischen Maßstab

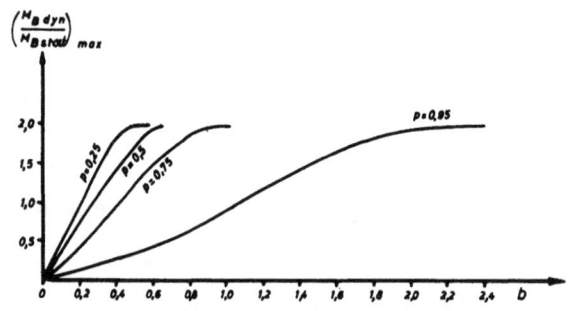

Abbildung 7

Verhältnis der maximalen Biegemomente im dynamischen und im statischen Falle über der Stoßzeit $b = \frac{\tau_O}{T_1}$ mit $p = \frac{P_O}{P_E}$ als Parameter. (Für beiderseitig gelenkige Lagerung; nach [7])

ist, daß es aber mit wachsender Stoßdauer schließlich doppelt so groß wie das statische wird. Je größer P_o ist, desto größer ist auch der Wert von b, bei dem der Wert von $\left|\dfrac{M_B^o \, dyn}{M_B \, stat}\right|$ max = 2 erreicht wird. In Abbildung 8 sind die zusammengehörigen Werte von $\dfrac{P_o}{P_E} = p$ und $b = \dfrac{\tau_o}{T_1}$ aufgezeichnet, für die die maximale statische und dynamische Biegebeanspruchung gleich groß ist. Man erkennt daraus, wie stark der Wert von b, für den die beiden Beanspruchungen gleich sind, mit P_o anwächst.

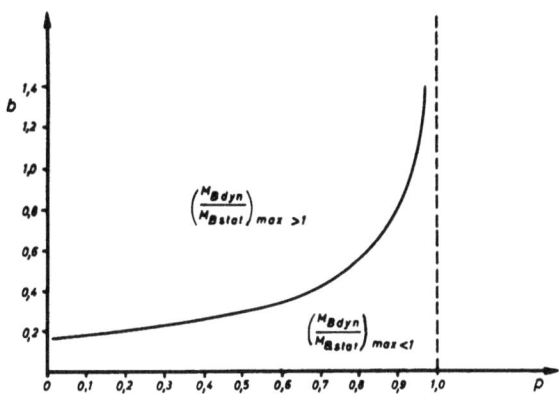

A b b i l d u n g   8

Zusammengehörige Werte von $p = \dfrac{P_o}{P_E}$ und $b = \dfrac{\tau_o}{T_1}$ für die die maximale dynamische und statische Biegebeanspruchung gleich groß ist. (Beiderseitig gelenkige Lagerung; nach [7])

Es treten also nach der dynamischen Rechnung sowohl kleinere als auch größere maximale Biegebeanspruchungen auf als nach der statischen Rechnung. Der Verlauf von $\left(\dfrac{M_B \, dyn}{M_B \, stat}\right)_{max}$ zeigt deutlich den Einfluß der trägen Masse des Stabes. Für Stoßzeiten, die sehr kurz sind im Verhältnis zur Periode der Querbewegung, kann die Querbewegung sich nicht stark ausbilden, bleibt also unterhalb des statischen Wertes. Für größere Stoßzeiten dagegen kann sie sich richtig ausbilden und durch das charakteristische Überschwingen auf höhere Werte als die statischen kommen. Mit wachsendem P_o wird die Periode der Querbewegung größer. Deshalb bleiben für größere Werte von P_o die Werte von η_{dyn} stärker hinter η_{stat} zurück, und der maximale Wert des Verhältnisses $\left(\dfrac{M_B \, dyn}{M_B \, stat}\right)_{max}$ wird erst für größere Werte von $b = \dfrac{\tau_o}{T_1}$ erreicht.

Es sei als Beispiel ein Stab in dem Fahrgestell eines Flugzeuges betrachtet, der beim Landen einen Axialstoß bekommt. Die üblichen Abmessungen sind rd. 1 m Länge und ein Schlankheitsgrad von 150 (nicht höher), während die Stoßdauer rd. 0,02 sec ist (nicht kleiner). Damit ergeben sich aber Werte von b ≧ 1, man erhält damit nach der statischen Rechnung im allgemeinen zu kleine Werte der Beanspruchung.

b) Vorgegebene Endverschiebung $\bar{u}$ (t)

α) $\bar{u}$ (t) : harmonisch veränderlich.

Mit

$$u(\ell,t) = \bar{u}(t) = -u_0 - u_1 \cos 2\pi ft \qquad (39)$$
$$u_0, u_1 > 0$$

erhält man aus (16) die Differentialgleichung

$$\varrho F \ddot{w} - \frac{EF}{\ell}\left[-u_0 - u_1 \cos 2\pi ft + \int_0^\ell \left(\frac{w'^2}{2} - \frac{w_0'^2}{2}\right)dx\right]w'' + EJ(w^{(4)} - w_0^{(4)}) = 0 \qquad (40)$$

Die Bestimmung der Lösungen dieser nichtlinearen partiellen Integrodifferentialgleichung mit periodischen Koeffizienten wurde von WEIDENHAMMER [9], [10] in den letzten Jahren in Angriff genommen. Der Verfasser beschränkt seine Untersuchungen auf gerade Stäbe. Einführung von Ansatz (17) in (40) führt auf ein homogenes gekoppeltes nichtlineares System gewöhnlicher Differentialgleichungen

$$\varrho F \ddot{g}_n + g_n\left[\frac{\pi^4 n^4}{\ell^4}EJ + \frac{\pi^2}{\ell^2}n^2\frac{EF}{\ell}(-u_0 - u_1\cos 2\pi ft + \sum_{K=1}^{\infty}\frac{k^2\pi^2}{4\ell}g_k^2)\right] = 0 \qquad (41)$$
$$(n = 1, 2, \ldots \infty)$$

das sich mit

$$+ \frac{EFu_0}{\ell} = P_0, \quad + \frac{EFu_1}{\ell} = P_1, \quad g^* = \frac{g}{\ell} \qquad (42)$$

und den Abkürzungen (21) auf die Form bringen läßt[6]

$$g_n^{*''} + g_n^*\left[\alpha_n - \beta_n \cos \vartheta + \frac{f_1^2}{f^2}\frac{n^2}{4}\sum_{K=1}^{\infty}k^2 g_k^{*2}\right] = 0 \qquad (43)$$

$$(n = 1, 2, \ldots \infty)$$

(Striche bedeuten Ableitungen nach ϑ)

---

[6] In den Arbeiten [9] und [10] ist irrtümlicherweise angegeben, daß man dieses Differentialgleichungssystem bei vorgegebener Endbelastung $\bar{P}$ erhält; siehe dazu auch die Arbeit von METTLER und WEIDENHAMMER [11], wo auf Seite 287 in der Literaturzusammenstellung unter [4] dieser Irrtum berichtigt wird

Die allgemeine Lösung dieses Differentialgleichungssystems ist nicht zu bestimmen. Man versucht, das System näherungsweise für interessierende Parameterbereiche zu lösen.

Der interessanteste Parameterbereich der dazugehörigen linearen MATHIEUschen Differentialgleichung ist der erste Instabilitätsbereich (siehe Abb. 4).

Deshalb wird auch bei dem nichtlinearen System (43) die Lösung in diesem Bereich gesucht. Es sei α_1 angenähert 0,25; die Lösung werde also für Werte der Störfrequenz f berechnet, die in der Umgebung der Stelle $f = 2 f_{1P_O}$ liegen, und zwar für kleine Werte von $p_1 = + \frac{u_1}{l\varepsilon_E}$ (ε_E ist die Dehnung bei der ersten EULERlast). Dann können alle g_k außer $g_1 = g$ vernachlässigt werden[7].

Bestimmt werden <u>stabile</u> stationäre Lösungen, d.h., physikalisch ausgedrückt, jene Bewegungen und Lagen, in die sich der Stab bei einer beliebigen kleinen Querstörung nach einer Übergangsbewegung einstellt (falls nur die geringste Dämpfung vorhanden ist).

Die Näherungslösung lautet

$$g^* = A_0 \cos\frac{\vartheta}{2} + B_0 \sin\frac{\vartheta}{2} \; ; \; \sqrt{A_0^2 + B_0^2} \ll 1. \tag{44a}$$

Es läßt sich zeigen, daß $A_O = B_O = 0$, also die Ruhelage, stets eine stationäre Lösung darstellt. Diese Nullage ist - bis auf einen Bereich um die Stelle $f = 2 f_{1P_O}$ - stets stabil. Innerhalb dieses Bereiches existiert eine stabile stationäre Lösung

$$g^* = A_0 \cos\frac{\vartheta}{2} \, , \, B_0 = 0 \qquad [8] \tag{44b}$$

---

[7] Es sei in diesem Zusammenhang auf die "nicht-linear ergänzte" MATHIEUsche Differentialgleichung hingewiesen, die zur gleichen Zeit von russischen Autoren behandelt wurde; siehe dazu K. MAGNUS: Über einige sowjetische Arbeiten auf dem Gebiet der nichtlinearen Schwingungen, VDI-Berichte, <u>4</u> (1955)

[8] Für Werte $\frac{f^2}{4f_{1P_O}^2} > 1 + \frac{u_1}{l\varepsilon_E} \cdot \frac{1}{2} \cdot \frac{1}{1 - \frac{u_0}{l\varepsilon_E}}$

gibt es zwei stabile stationäre Zustände, nämlich den durch (44b) und (46) bestimmten Zustand und die Nullage.
In welchen der beiden stabilen Endzustände das System sich einstellt, hängt von der Größe der Anfangsstörung (den Anfangsbedingungen) ab

A_o ist bestimmt durch die Gleichung

$$-\frac{1}{4} + \alpha_1 - \frac{1}{2}\beta_1 + \frac{3}{16}\frac{f_1^2}{f^2} A_o^2 = 0 \qquad (45)$$

oder

$$1 - \frac{f^2}{4f_{1P_o}^2} - \frac{u_1}{\ell\varepsilon_E} \cdot \frac{1}{2} \cdot \frac{1}{1-\frac{u_o}{\ell\varepsilon_E}} + \frac{3}{16}\frac{1}{1-\frac{u_o}{\ell\varepsilon_E}} A_o^2 = 0 \qquad (46)$$

Die Grenzen des Bereiches, in dem die Nullage instabil ist (und die Stabmitte nach einem Einschwingvorgang die Bewegung $A_o \cos\frac{\vartheta}{2}$ um die Nullage macht) liegen bei

$$1 - \frac{f^2}{4f_{1P_o}^2} - \frac{u_1}{\ell\varepsilon_E} \cdot \frac{1}{2} \cdot \frac{1}{1-\frac{u_o}{\ell\varepsilon_E}} = 0$$

und

$$1 - \frac{f^2}{4f_{1P_o}^2} + \frac{u_1}{\ell\varepsilon_E} \cdot \frac{1}{2} \cdot \frac{1}{1-\frac{u_o}{\ell\varepsilon_E}} = 0$$

In Abbildung 9 ist der Verlauf von A_o über $2\pi f$ für ein Beispiel aufgetragen.

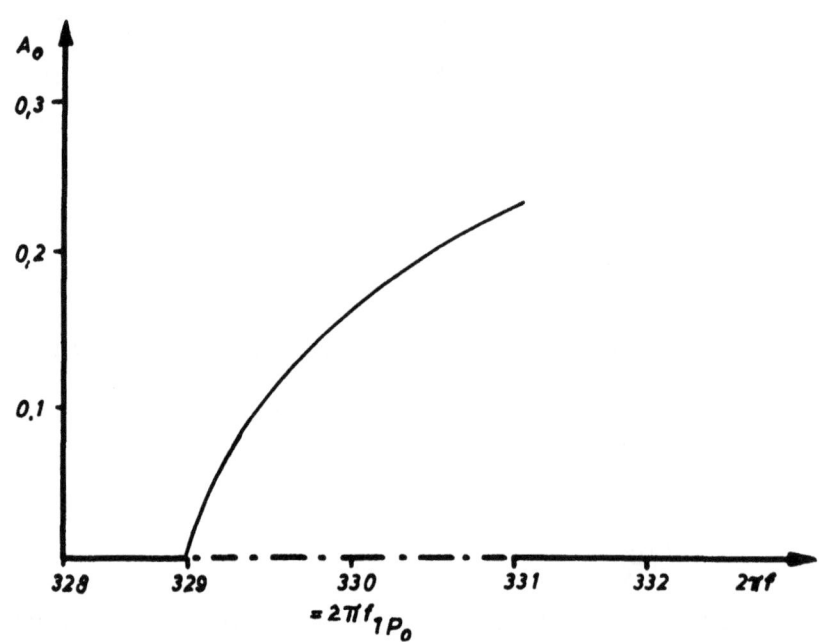

Abbildung 9

Näherungslösung Gl. (43) für $+\frac{u_1}{\ell\varepsilon_E} = 0,01$; $\frac{u_o}{\ell\varepsilon_E} = 0,25$; $f_{1P_o} = \frac{165}{2\pi}$ Hz

In dem strichpunktierten Bereich ist die Nullage instabil

Vergleicht man die Bewegung des Stabes, die sich infolge einer vorgegebenen harmonischen Verschiebung des Stabendes $x = \ell$ ergibt, mit jener Bewegung, die sich infolge einer vorgegebenen harmonischen Belastung bei $x = \ell$ ergibt, so sieht man, daß sich im ersten Fall eine Amplitudenbegrenzung ergibt, während sich im zweiten Fall die Amplitude exponentiell mit der Zeit aufschaukelt.

Im Rahmen dieser Arbeit sei auf die grundlegenden theoretischen Untersuchungen über Übergangsbewegungen, Stabilität der stationären Endzustände usw. nicht eingegangen. Man findet sie in den beiden zitierten Arbeiten [9,10].

β) $\bar{u}(t)$: lineare Funktion der Zeit.

Es sei

$$u(\ell, t) = \bar{u}(t) = -vt \tag{47}$$

Diese Bedingung ergibt sich z.B. bei der Festigkeitsprüfung eines Stabes in einer Prüfmaschine, deren Druckstempel mit der konstanten Geschwindigkeit v bewegt wird, oder wenn eine, im Verhältnis zur Stabmasse große Masse M (im Grenzfall $\frac{M}{\varrho F \ell} \rightarrow \infty$) auf das Ende eines Stabes mit der Geschwindigkeit v auftritt.

Einsetzen von (47) in (16) führt auf die Differentialgleichung

$$\varrho F \ddot{w} + w'' \frac{EF}{\ell} \left[vt - \int_0^\ell (\frac{w'^2}{2} - \frac{w_0'^2}{2}) dx \right] + EJ(w^{(4)} - w_0^{(4)}) = 0 \tag{48}$$

für die axiale Last ergibt sich die Bestimmungsgleichung

$$P(t) = \frac{EF}{\ell} \left[vt - \int_0^\ell (\frac{w'^2}{2} - \frac{w_0'^2}{2}) dx \right] \tag{49}$$

Für die Anfangsbedingungen (7) und die Vorkrümmung nach (18) reduziert sich die Lösung auf

$$w(x,t) = g_1(t) \sin \frac{\pi x}{\ell} = g(t) \sin \frac{\pi x}{\ell}. \tag{50}$$

Einführung der dimensionslosen Größen

$$\xi = \frac{v\,t}{\ell\,\varepsilon_E}, \quad g^*(\xi) = \frac{g(t)}{i}, \quad e = \frac{d_o}{i}, \quad \varepsilon_E = \frac{P_E}{EF} = \frac{i^2 \pi^2}{\ell^2} \qquad (51)$$

$$\Omega = \pi^2 \varepsilon_E^3 \frac{E}{\rho v^2} = \pi^8 \left(\frac{i}{\ell}\right)^6 \cdot \frac{E}{\rho} \cdot \frac{1}{v^2}$$

in (48) führt auf

$$g^{*''}(\xi) + \Omega \left[(1-\xi) + \frac{g^{*2}}{4} - \frac{e^2}{4} \right] g^*(\xi) = \Omega\,e \qquad (52)$$

(Striche bedeuten hier Ableitungen nach ξ)

und auf die Anfangsbedingungen

$$g^*(0) = e, \quad g^{*'}(0) = 0 \qquad (53)$$

Die Gleichung (49) für die axiale Belastung schreibt sich dann in der Form

$$\frac{P}{P_E} = \xi - \frac{g^{*2} - e^2}{4} \qquad (54)$$

In der Differentialgleichung (52) treten nur noch die Parameterwerte Ω und e auf.

Die Lösung dieser inhomogenen nichtlinearen Differentialgleichung ist exakt nicht zu gewinnen. Man ist wieder auf die Untersuchung in gewissen interessierenden Bereichen der Parameterwerte Ω und e mittels Näherungslösungen angewiesen.

In den vorliegenden Untersuchungen wird als maximaler Wert von e der Wert 0,25 angegeben (o $\leq$ e $\leq$ 0,25); für Ω eine <u>untere</u> Grenze von 2,25 (2,25 $\leq \Omega < \infty$). (Dieser Wert von Ω ergibt sich z.B. bei einem Stahlstab von rd. 25 cm Länge und einem Schlankheitsgrad von 370 bei einer Geschwindigkeit v von rd. 0,65 cm/sec.)

Die grundlegende Arbeit stammt von HOFF [12] aus dem Jahre 1951. Ihr schließen sich weitere Arbeiten an, die sich im wesentlichen mit den in den einzelnen Bereichen von Ω, e und ξ zweckmäßigerweise anzuwendenden Verfahren und mit der Berechnung von Beispielen beschäftigen.

Zunächst interessiert natürlich die Lösung der durch die Vernachlässigung der nichtlinearen Glieder in (52) entstehenden <u>linearen</u> Differentialgleichung.

Sie lautet

$$g^{*''} + \Omega (1 - \xi) g^* = \Omega e \tag{55}$$

Ihre allgemeine Lösung ist bekannt[9]; mit $(1 - \xi) = z$ ergibt sich

$$g^*(z) = A g_1^*(z) + B g_2^*(z) + g_{inh}^*(z) \tag{56}$$

A und B sind Integrationskonstanten, g_1^* und g_2^* ein Fundamentalsystem. Das partikuläre Integral g_{inh}^* kann man aus $g_1^*(z)$ und $g_2^*(z)$ über die Variation der Konstanten gewinnen. Die Lösung ist unter den Anfangsbedingungen (7) proportional zu e.

Die Lösungen $g_1^*(z)$ und $g_2^*(z)$ haben einen verschiedenen Charakter, je nachdem, ob $1 - \xi \gtreqless 0$ d.h. je nachdem, ob $\xi = \frac{vt}{\ell \varepsilon_E} \lesseqgtr 1$ ist;

1. $z \gtreqless 0$, also $\xi = \frac{vt}{\ell \varepsilon_E} \lesseqgtr 1$

$$g_1^*(z) = z^{1/2} J_{1/3}(2/3 \Omega^{1/2} z^{3/2}), \quad g_2^*(z) = z^{1/2} J_{-1/3}(2/3 \Omega^{1/2} z^{3/2}) \tag{57}$$

$J_{1/3}$ und $J_{-1/3}$ sind die BESSELschen Funktionen erster Art der Ordnung 1/3 und -1/3.

2. $z < 0$, $\xi = \frac{vt}{\ell \cdot \varepsilon_E} > 1$

An die Stelle der BESSELschen Funktionen in (57) treten die entsprechenden modifizierten BESSELschen Funktionen vom reellen Argument $2/3 \Omega^{1/2} \int^{3/2}$ (mit $\int = \xi - 1$) und $\int^{1/2}$ an Stelle von $z^{1/2}$.

Zur Gewinnung der Lösungen der <u>nichtlinearen</u> Differentialgleichung (52) ist man auf Näherungsverfahren angewiesen. Die folgenden Verfahren werden von den verschiedenen Autoren benutzt.

1. Potenzreihenentwicklung nach ganzzahligen Potenzen von ξ.
2. Störungsrechnung. Für größere Werte von ξ kann die gesuchte Lösung durch einen Ansatz von der Form

$$g^*(\xi) = g_{inst}^*(\xi) + \bar{g}(\xi) \tag{58}$$

erfaßt werden, wo

---

[9] Siehe JAHNKE-EMDE: Tafeln höherer Funktionen. Leipzig, 1948. S. 150

$$\bar{g} \gg \bar{g}^2, \qquad \bar{g} \ll g^*_{inst}, \qquad g^{*''}_{inst} \ll g^*_{inst} \qquad (59)$$

sind. Man gewinnt dann aus (52) durch größenordnungsmäßige Zusammenfassung die beiden Gleichungen

$$\xi = 1 - \frac{e}{g^*_{inst}} + \frac{1}{4} g^{*2}_{inst} - \frac{1}{4} e^2 \qquad (60)$$

$$\bar{g}'' + \Omega \left(1 - \frac{1}{4} e^2 - \xi + \frac{3}{4} g^{*2}_{inst}\right) \bar{g} = - g^{*''}_{inst} \qquad (61)$$

Die obere Gleichung entsteht aus (52), wenn man darin $g^{*''}$ gleich Null setzt; sie liefert also die instantane Lösung. Der Wert von ξ, von dem an dieser Ansatz brauchbar ist, wird um so kleiner, je größer Ω ist.

Es wird nachgewiesen [13], daß für die in der Praxis üblichen Werte der Parameter e ($e \geq 10^{-3}$) und Ω (10^7 bis 10^9) die instantane Lösung für den ganzen Vorgang eine befriedigende Annäherung an den wirklichen Vorgang darstellt. Dann gilt also

$$g^*(\xi) \approx g^*_{inst}(\xi) \qquad (62)$$

wobei g^*_{inst} aus (60) zu bestimmen ist. Für die axiale Last erhält man damit

$$\left(\frac{P}{P_E}\right)_{inst} = \xi - \frac{g^{*2}_{inst} - e^2}{4} \qquad (63)$$

oder, indem man ξ aus (60) in (63) einführt

$$\left(\frac{P}{P_E}\right)_{inst} = 1 - \frac{e}{g^*_{inst}}. \qquad (64)$$

Die instantane Lösung ist unabhängig von dem Parameter Ω (sie ergibt sich für v gegen Null und damit für Ω gegen Unendlich). Die eben erwähnten Lösungsverfahren finden sich bei HOFF [12],[13]. Er berechnet auf diese Weise das in den Abbildungen 10 und 11 dargestellte Beispiel mit e = 0,25 und Ω = 2,25.

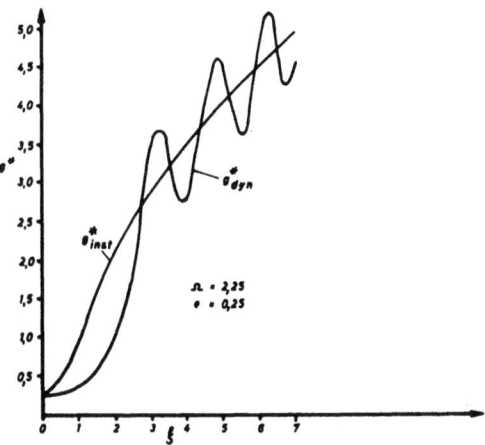

Abbildung 10

Biegeauslenkung der Stabmitte über der Zeit nach [12]

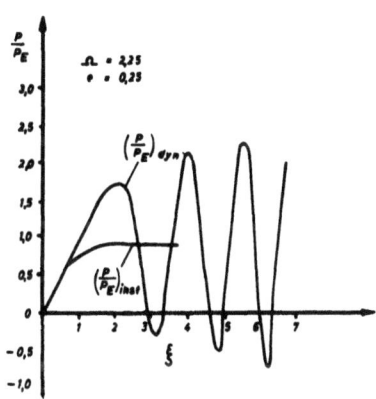

Abbildung 11

Axiale Last über der Zeit (nach [12])

3. Gewöhnliches Differenzenverfahren

Von CHAWLA [14] und HOFF-NARDO-ERICKSON [15] werden eine ganze Reihe von Beispielen (Abbildung 12 bis 21 aus [14], Abbildung 22 und 23 aus [15]) nach dem gewöhnlichen Differenzenverfahren bestimmt[10].

---

10) Zu den Differenzenverfahren siehe COLLATZ, L.: Eigenwertprobleme und ihre numerische Behandlung. Leipzig 1945, Akademische Verlagsbuchhandlung

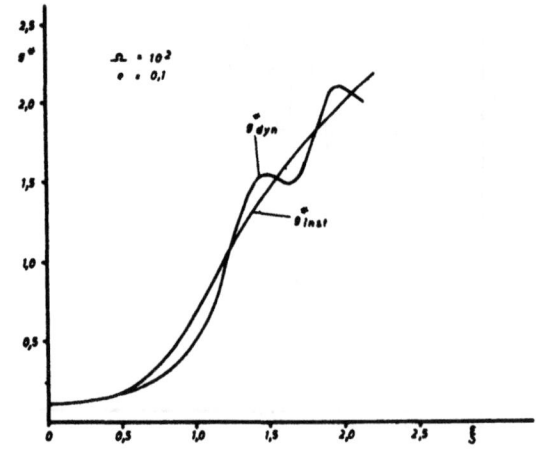

Abbildung 12

Biegeauslenkung der Stabmitte über der Zeit (nach [14])

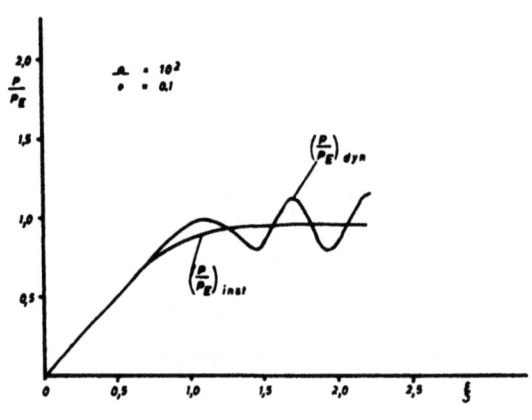

Abbildung 13

Axiale Last über der Zeit (nach [14])

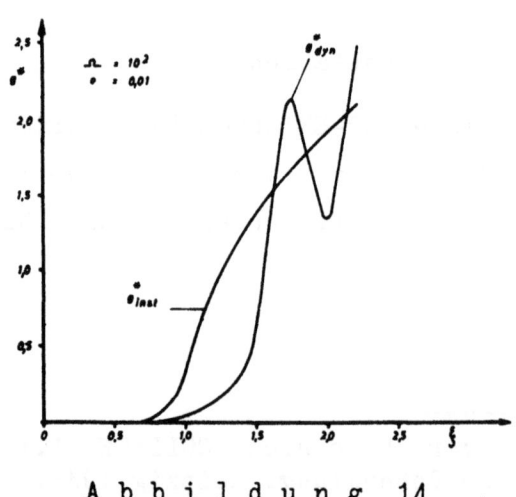

Abbildung 14

Biegeauslenkung der Stabmitte über der Zeit (nach [14])

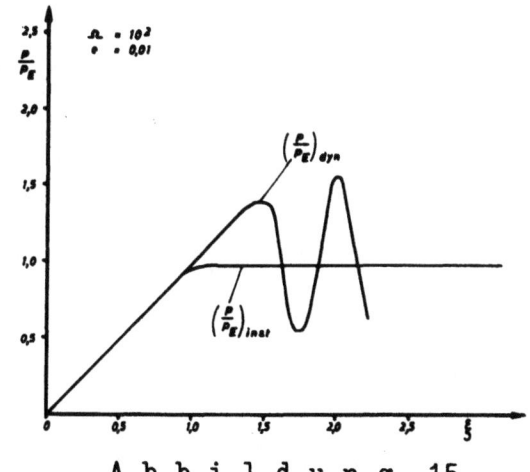

Abbildung 15
Axiale Last über der Zeit (nach [14])

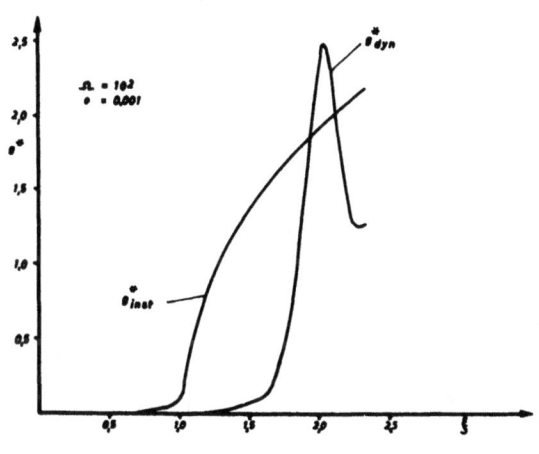

Abbildung 16
Biegeauslenkung der Stabmitte über der Zeit (nach [14])

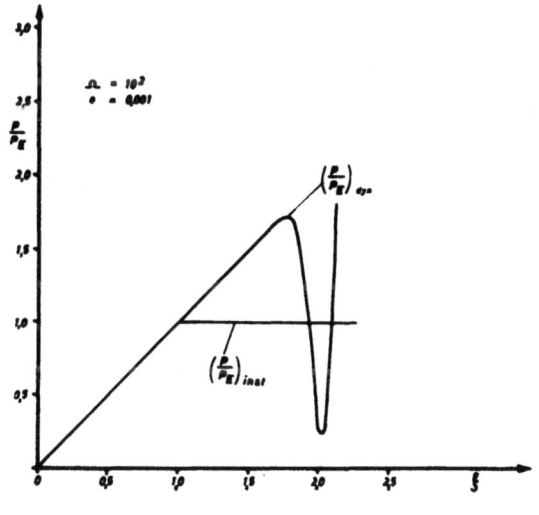

Abbildung 17
Axiale Last über der Zeit (nach [14])

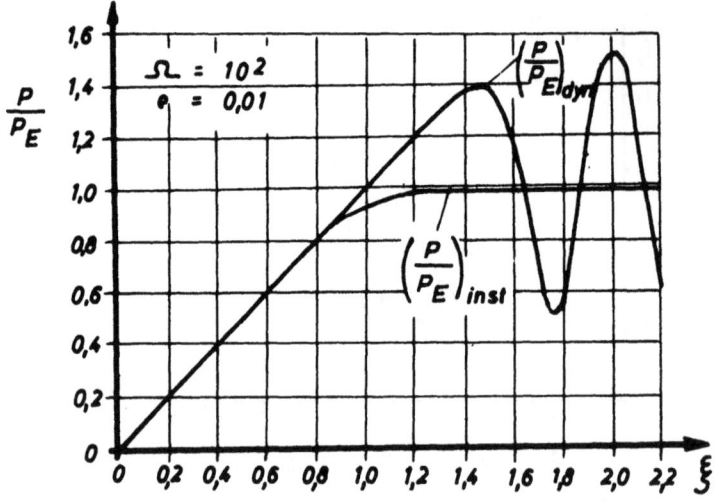

Abbildung 18

Axiale Last über der Zeit (nach [14])

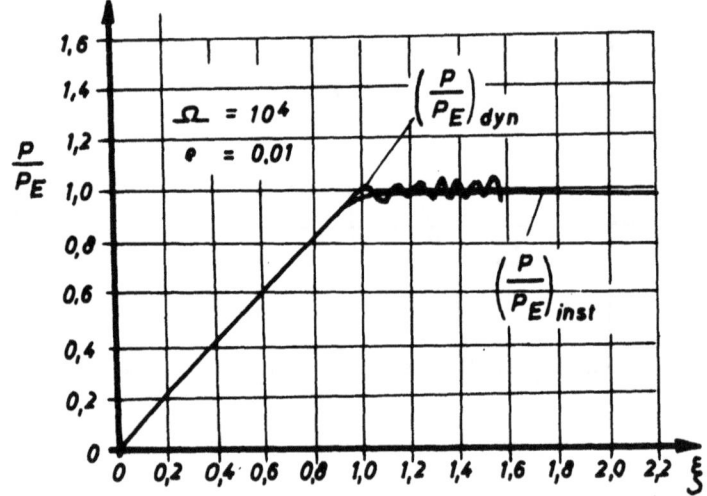

Abbildung 19

Axiale Last über der Zeit (nach [14])

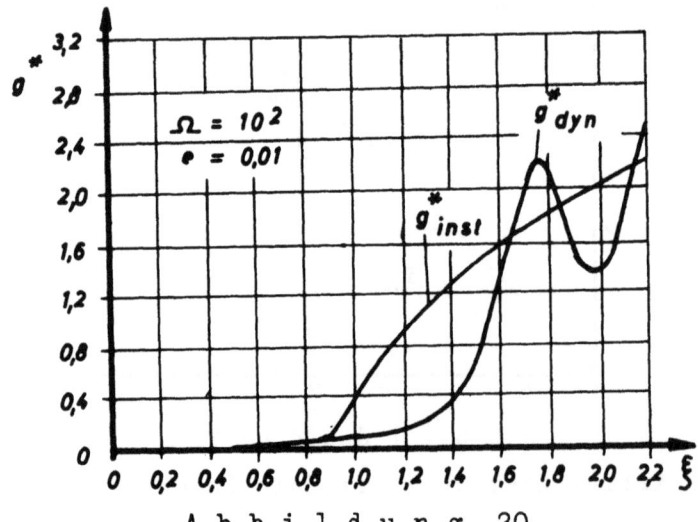

Abbildung 20

Biegeauslenkung der Stabmitte über der Zeit (nach [14])

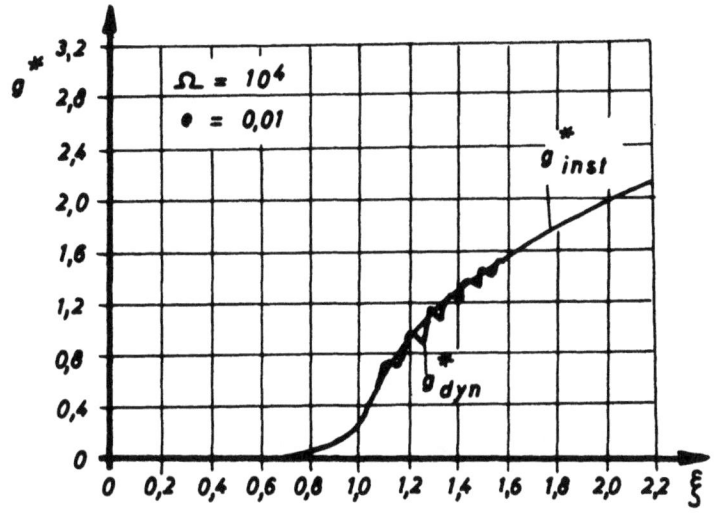

Abbildung 21

Biegeauslenkung der Stabmitte über der Zeit (nach [14])

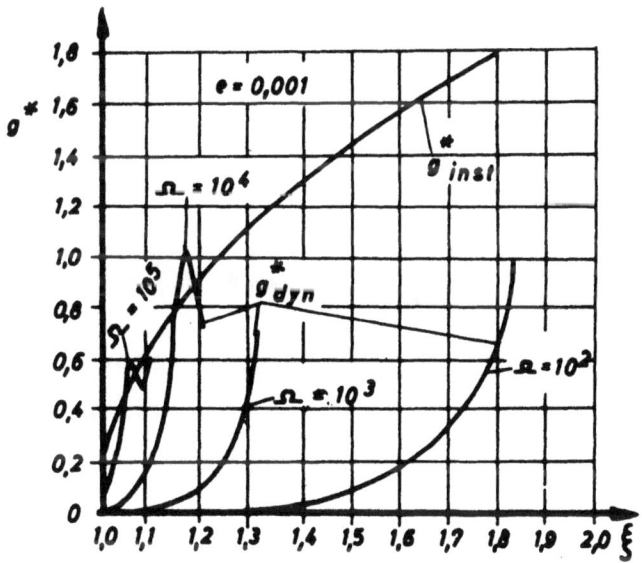

Abbildung 22

Biegeauslenkung der Stabmitte über der Zeit mit Ω als Parameter

(nach [15])

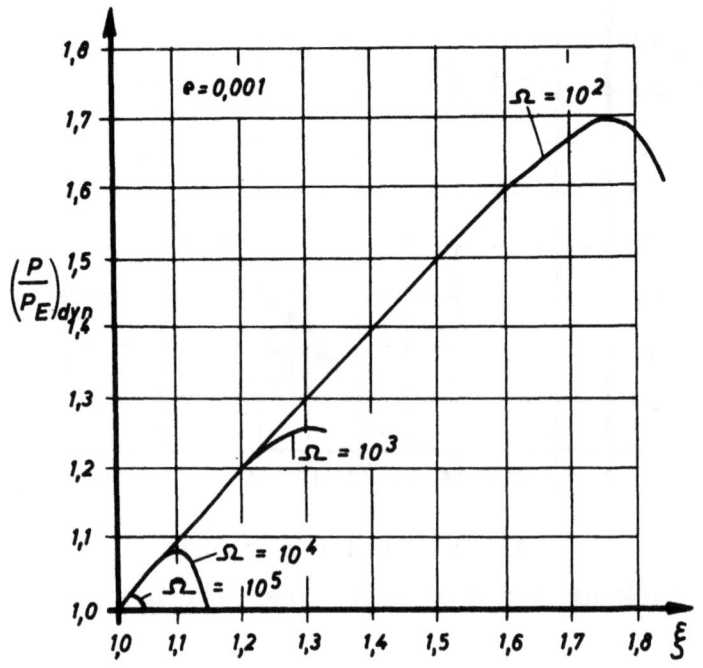

Abbildung 23

Axiale Last $\left(\frac{P}{P_E}\right)_{dyn}$ über der Zeit mit Ω als Parameter (nach [15])

In der Arbeit von HOFF-NARDO-ERICKSON [15] werden außerdem die angegebenen Lösungsverfahren (außer dem Störungsansatz) miteinander verglichen und die Bereiche der Größen Ω , e und ξ , bei denen sie zweckmäßigerweise anzuwenden sind, untersucht.

Über die Abhängigkeit der Lösungen von der Veränderlichen ξ und den Parameterwerten Ω und e kann an Hand der Abbildungen 10 bis 23 das Folgende ausgesagt werden:

a) Abhängigkeit von $\xi = \dfrac{vt}{\ell \varepsilon_E} = \dfrac{vt}{\ell \pi^2} \left(\dfrac{\ell}{i}\right)^2$

Die Kurve g^*_{dyn} steigt zunächst sehr langsam, aber monoton mit ξ an und ist bis zu einem gewissen (von Ω und e abhängigen) Wert von ξ , der größer als 1 ist, stets kleiner als g^*_{inst} .

Kurz vor Erreichen dieses Wertes von ξ wird der Anstieg sehr viel steiler; die Kurve g^*_{dyn} schneidet dann die Kurve g^*_{inst}, erreicht ein erstes Maximum und schwankt von da an mit "Amplituden" und "Schwankungsdauern" (die Bewegung ist nicht vollständig periodisch, so daß die Amplituden und Schwankungsdauern noch Funktionen von ξ sind), die in ihrer Größe vor allem von dem jeweiligen Wert von Ω und e abhängen, um den Wert g^*_{inst}.

Die axiale Belastung ist zunächst im wesentlichen eine lineare Funktion von ξ ; da g^*_{dyn} anfangs kleiner als g^*_{inst} ist, macht sich der Einfluß des Gliedes $\frac{g^{*2}}{2}$ in (54) im dynamischen Fall erst bei größeren Werten von ξ bemerkbar als im instantanen Fall. Nach Erreichen eines ersten Maximums schwankt $(\frac{P}{P_E})_{dyn}$ im weiteren Verlauf um $(\frac{P}{P_E})_{inst}$ mit Schwankungsamplituden und Schwankungsdauern, die wieder im wesentlichen von den jeweiligen Werten von Ω und e und geringfügig von ξ abhängen.

b) Abhängigkeit von $\Omega = \pi^2 \epsilon_E^3 \frac{E}{\varrho v^2} = \pi^8 (\frac{i}{l})^6 \frac{E}{\varrho} \cdot \frac{1}{v^2}$

e = constans; Abbildung 20, 21, 22 für g^*
Abbildung 18, 19, 23 für $\frac{P}{P_E}$

Je kleiner Ω wird, desto größer ist der Bereich von ξ , für den g^*_{dyn} kleiner als g^*_{inst} bleibt; desto größer wird auch das erste Maximum (sowie die Schwankungsamplituden). Ebenso wird das erste Maximum von $(\frac{P}{P_E})_{dyn}$ um so größer, je kleiner Ω ist (wie auch die Schwankungsamplituden).

Bei gleichen Stabdaten ist Ω größer, je kleiner v wird. Die Kurven g^*_{dyn} und P_{dyn} nähern sich also mit abnehmender Geschwindigkeit den instantanen Kurven, wie es zu erwarten ist.

c) Abhängigkeit von $e = \frac{d_o}{i}$ (Abb. 12 bis 17)

Je kleiner e ist, desto größer ist der Wert von ξ , bis zu dem g^*_{dyn} kleiner ist als g^*_{inst}; und um so größer werden auch die Schwankungsamplituden, um so größer auch das erste Maximum. Das Letztere gilt sowohl für g^*_{dyn} als auch für $(\frac{P}{P_E})_{dyn}$.

Nach Gl. (64) besteht zwischen $(\frac{P}{P_E})_{inst}$ und g^*_{inst} dieselbe Beziehung wie zwischen $\frac{P_Q}{P_E}$ und g_{stat}.

Aber $(\frac{P}{P_E})_{inst}$ kann (wegen der Randbedingung: $\bar{u}(t)$ vorgegeben) niemals den Wert Eins überschreiten, sondern sich ihm nur asymptotisch von unten nähern.

Im dynamischen Falle nun können die Axiallasten wesentlich größer als im instantanen Falle und damit größer als P_E werden, und zwar sind dabei die Biegeauslenkungen kleiner als die instantanen.

So zeigen z.B. die Abbildungen 14 und 15 ($\Omega = 10^2$; e = 0,01) und die Abbildungen 16 und 17 ($\Omega = 10^2$; e = 0,01) die folgenden Vergleichswerte:

ξ	$(\frac{P}{P_E})_{inst}$	g^*_{inst}	$(\frac{P}{P_E})_{dyn}$	g^*_{dyn}	
1,0	0,95	0,35	1	0,05	Abbildun-
1,25	0,975	1,00	1,25	0,175	gen 14
1,45 = ξ_{max}	0,975	1,35	1,40 = $(\frac{P}{P_E})_{dyn\,max}$	0,425	und 15
1,0	1	0,075	1	0	Abbildun-
1,25	1	0,950	1,25	0,025	gen 16
1,50	1	1,375	1,50	0,075	und 17
1,75 = ξ_{max}	1	1,675	1,70	0,500	

In Abbildung 24, die der Arbeit [15] entnommen ist, ist das Hauptergebnis der Untersuchung dargestellt. Dort ist $(\frac{P}{P_E})_{max}$, d.h., das erste Maximum von $(\frac{P}{P_E})_{dyn}$ über Ω mit e als Parameter aufgetragen.
Man erkennt daraus das schon oben angegebene Verhalten: Die maximale Axiallast im dynamischen Falle ist größer als P_E, und zwar um so mehr, je kleiner Ω und e sind.

Für die bei Prüfverfahren üblichen Werte von Ω ($\Omega = 10^7$ bis 10^9) unterscheiden sich die Ergebnisse der statischen, instantanen und dynamischen Rechnung kaum.

Eine sehr umfangreiche experimentelle Untersuchung der Kurven der Abbildung 24 befindet sich in der Arbeit [20]; die Ergebnisse des Experimentes und der Rechnung sind in Abbildung 25 aufgetragen.

4. Verfahren von SCHMITT [16]; stufenweiser Aufbau der axialen Last.
Anknüpfend an den stufenweisen Aufbau der axialen Last eines geraden Stabes nach Abschnitt II.1.c) dieser Zusammenstellung wird von SCHMITT in [16] eine abschnittsweise Integration vorgeschlagen, um die Trägheitswirkungen in axialer Richtung ($\int F ü$) in Annäherung zu erfassen; dieses Verfahren kommt für größere Geschwindigkeiten in Frage, bei denen sich die axiale Last in wenigen großen Stufen bis zur EULERlast aufbaut. Denn, wie schon oben gesagt, gelten die Gleichungen (48) und

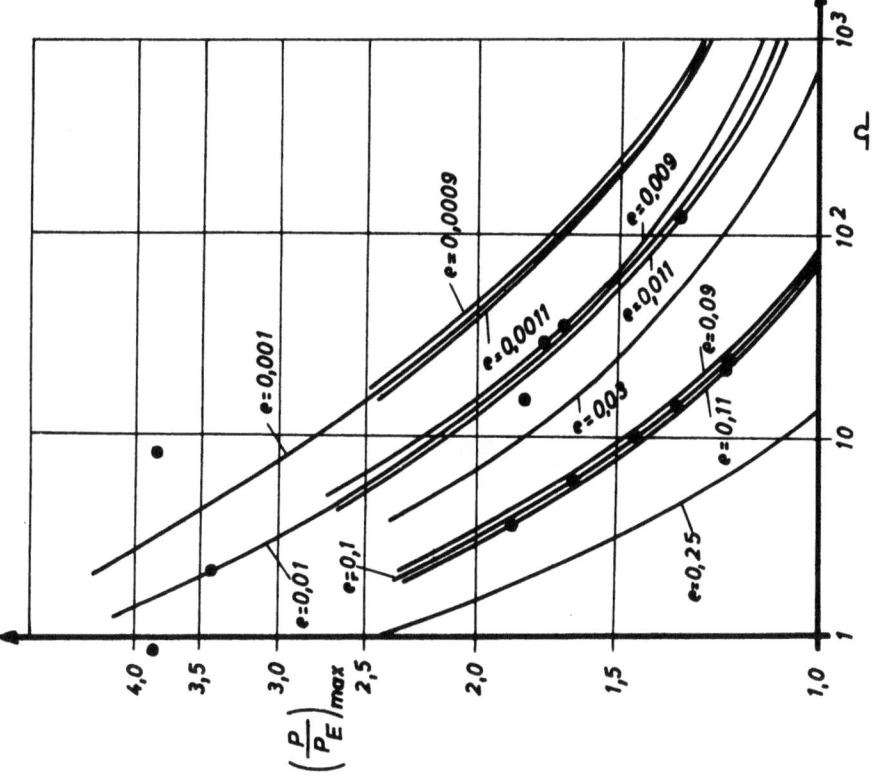

Abbildung 24
Maximaler Wert von $\left(\frac{P}{P_E}\right)_{dyn}$ über Ω mit e als Parameter (nach [15])

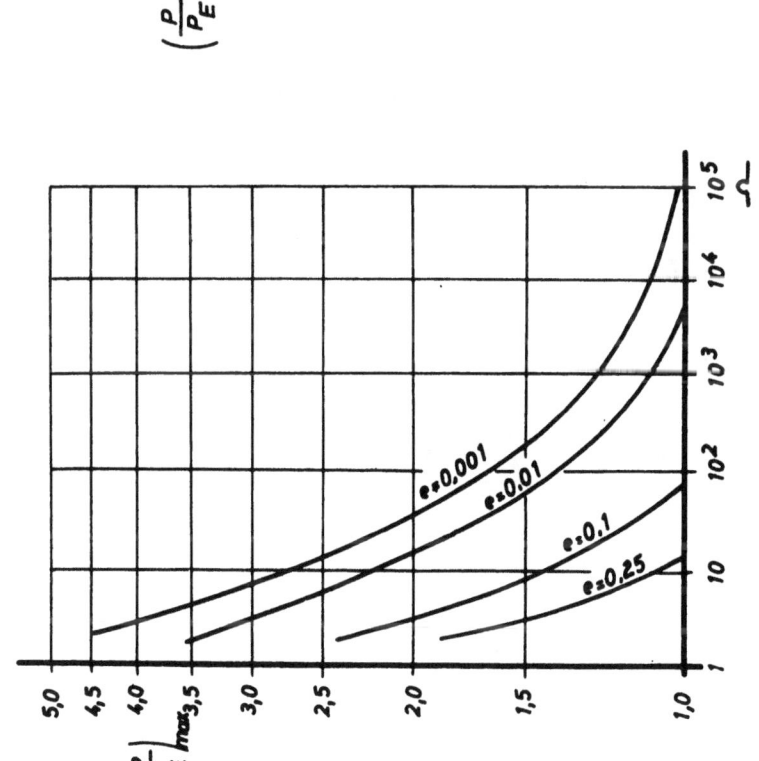

Abbildung 25
Maximaler Wert von $\left(\frac{P}{P_E}\right)_{dyn}$ über Ω mit e als Parameter. Die Punkte zeigen die experimentellen Ergebnisse (nach [20])

(49) nur dann, wenn man mit P' = 0 oder ϱ F ü = 0 rechnet (siehe gemittelte Kurve Abb. 3). Allerdings rechnet SCHMITT innerhalb eines Intervalles $t = \frac{\ell}{c}$, [t = Zeit, die die Welle braucht, um den Stab einmal zu durchlaufen, siehe II. 1.c)] weiterhin mit P' = 0 beachtet also den wirklichen Verlauf der axialen Last nur an den beiden Enden des Stabes, während die örtlichen Verschiedenheiten während eines Intervalles unberücksichtigt bleiben.

Er gelangt so zur abschnittsweisen Integration einer Differentialgleichung mit konstanten Koeffizienten, wobei die Abschnittslänge $\Delta \xi = \frac{v \Delta t}{\ell \varepsilon_E} = \frac{v}{\ell \varepsilon_E} \frac{\ell}{c}$ ist.

Im n-ten Intervall

$$\xi_{n-1} \leqq \xi \leqq \xi_n = n \Delta \xi . \tag{65}$$

hat man die Differentialgleichung

$$g_n^{*''} + \Omega \left(1 - \frac{P_n}{P_E}\right) g_n^* = \Omega e \tag{66}$$

mit konstantem P_n zu integrieren, wobei die Werte g^* und $g^{*'}$ an dem Ende des (n-1)-ten Intervalles gleich denen am Anfang des n-ten Intervalles sein müssen; die Werte P_n erhält man nach Abschnitt II.1.c) als die Werte der axialen Last am Stabende. Gerechnet wird stets mit dem Wert von P_n, der sich am <u>Anfang</u> des Intervalles ergibt. So erhält man:

1. Intervall $\quad 0 \leqq \xi \leqq \xi_1 = \frac{v}{\ell \varepsilon_E} \frac{\ell}{c} \qquad\qquad P_1 = F v \sqrt{E \varrho}$

2. Intervall $\quad \xi_1 \leqq \xi \leqq \xi_2 = \frac{2v}{\ell \varepsilon_E} \frac{\ell}{c} \qquad\qquad P_2 = 2 P_1$

3. Intervall $\quad \xi_2 \leqq \xi \leqq \xi_3 = \frac{3v}{\ell \varepsilon_E} \frac{\ell}{c} \qquad\qquad P_3 = P_2 + F v_3^* \sqrt{E \varrho}$

4. Intervall $\quad \xi_3 \leqq \xi \leqq \xi_4 = \frac{4v}{\ell \varepsilon_E} \frac{\ell}{c} \qquad\qquad P_4 = P_3 + F v_3^* \sqrt{E \varrho} \qquad$ (67)

5. Intervall $\quad \xi_4 \leqq \xi \leqq \xi_5 = \frac{5v}{\ell \varepsilon_E} \frac{\ell}{c} \qquad\qquad P_5 = P_4 + F v_5^* \sqrt{E \varrho}$

6. Intervall $\quad \xi_5 \leqq \xi \leqq \xi_6 = \frac{6v}{\ell \varepsilon_E} \frac{\ell}{c} \qquad\qquad P_6 = P_5 + F v_5^* \sqrt{E \varrho}$

Dabei ist

$$v_m^* = v - \frac{\pi^2}{2} \frac{g_{m-1}\dot{g}_{m-1}}{\ell} = v \left(1 - \frac{g_{m-1}^* \dot{g}_{m-1}^{*\prime}}{2}\right) \qquad (68)$$

die Geschwindigkeit, mit der das Stabende $x = \ell$ sich am Anfang des m-ten Intervalles in Richtung der <u>ausgebogenen</u> Stabachse bewegt, da hier in Erweiterung zu II.1.c) die ausweichende Querbewegung beachtet werden muß.

SCHMITT berechnet nach dieser Methode die Lösung für das schon von HOFF [12] gewählte Beispiel $\Omega = 2,25$, $e = 0,25$; er braucht für den Bereich $0 \leq \xi \leq 4,5$ rd. 300 Abschnitte. Die Rechnung wurde auf einer nicht zu schnellen digitalen elektronischen Rechenmaschine innerhalb von 2 Stunden durchgeführt. Die von SCHMITT berechnete Lösung weicht für das gewählte Beispiel nur geringfügig von der HOFFschen Lösung ab.

c) Andere Randbedingungen für u (x,t)

Die in der Praxis auftretenden Probleme werden sich nicht alle unter die Grenzfälle der in den Abschnitten II.3.a) und II.3.b) genannten Randbedingungen einordnen lassen.

Es wurde z.B. von DAVIDSON [17] folgender Fall untersucht:
Auf das axial verschiebliche Ende $x = \ell$ treffe in axialer Richtung über eine masselose Feder mit der Federkonstanten K eine endliche Masse M mit der Geschwindigkeit v auf. Der Stab sei von Haus aus gerade; durch eine Vorrichtung wird er in die Form einer Halbsinuswelle

$$w(t=0) = d_0 \sin \frac{\pi x}{\ell}$$

gebogen und so lange an Querbewegungen gehindert, bis die axiale Last den Wert P_E erreicht hat (Abb. 26). Dann kann er frei schwingen. Dieser Zeitpunkt sei der Anfang der Zeitzählung.

Die Bewegung der Masse M ist durch die Differentialgleichung

$$M\ddot{s} + K\left[u(\ell,t) + s(t)\right] = 0 \qquad (69)$$

gegeben. Die Randbedingung bei $x = \ell$ ergibt sich zu

$$-EF\left(u' + \frac{w'^2}{2}\right)_{x=\ell} = P(\ell,t) = -M\ddot{s} \qquad (70)$$

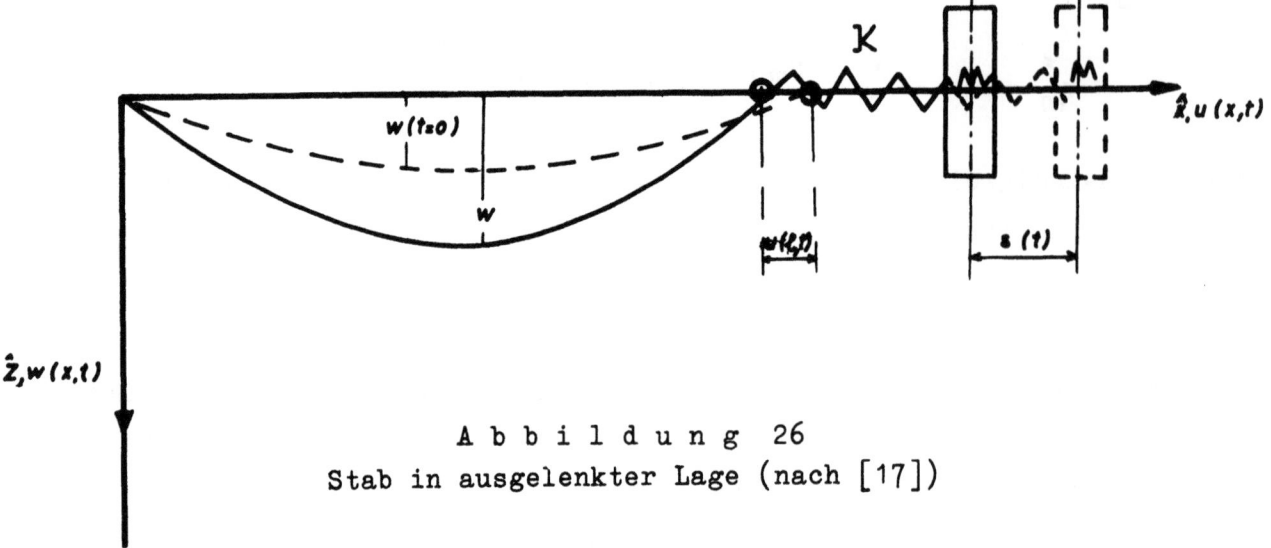

Abbildung 26
Stab in ausgelenkter Lage (nach [17])

Zur Zeit t = 0 ist

$$P(t) = P(\ell,t) = P_E \tag{71}$$

Die Geschwindigkeit v_o der Masse M zur Zeit t = 0 ergibt sich aus der Auftreffgeschwindigkeit v zu

$$v_o^2 = v^2 - \frac{P_E^2}{(M\omega_s)^2} \quad \text{mit} \quad \omega_s^2 = \frac{EFK}{K\ell + EF} \cdot \frac{1}{M} \tag{72}$$

Für die Querbewegung des Stabes gilt (12) und (11) mit $w_o(x)=0$; die Anfangsbedingungen sind

$$w(x,o) = d_o \sin \frac{\pi x}{\ell}, \quad \dot{w}(x,o) = 0 \tag{73}$$

Es ist wieder P' = 0 (oder ϱ F ü = 0).

Nur für den Fall, daß die Bewegung der Masse M nicht mit der Querbewegung w (x,t) gekoppelt ist, d.h. wenn während des Stoßes der Masse die Querbewegung zu vernachlässigen ist, lassen sich die den Vorgang beschreibenden Gleichungen in übersichtlicher Weise lösen. In diesem Falle hat P(ℓ,t) die Form einer Halbsinuswelle

$$P(\ell,t) = Mv\omega_s \sin(\omega_s t + \alpha)$$
$$\sin \alpha = \frac{P_E}{vM\omega_s} \tag{74}$$

für die Querbewegung erhält man dann eine Differentialgleichung mit harmonischem Koeffizienten (siehe Abschnitt II.3.a) α)).

Tritt eine Kopplung zwischen der Bewegung der Masse und der Querbewegung auf, so können die gesuchten Funktionen nur noch numerisch bestimmt werden. DAVIDSON schreibt das System in (nichtlineare) Differentialgleichungen _erster_ Ordnung für die interessierenden Größen um, die auf der elektronischen Rechenmaschine EDSAC nach der Methode von RUNGE-KUTTA gelöst werden.

In den Abbildungen 27 und 28 werden zwei Beispiele gezeigt; es sind dort $\frac{P(t)}{P_E}$ und $\frac{g(t)}{d_o}$ über $\omega_s t$ aufgetragen ($g(t)$ = Auslenkung der Stabmitte wie in den vorhergehenden Abschnitten, $b = \frac{\tau_p}{T_1} = \frac{\omega_1}{2\omega_s}$).

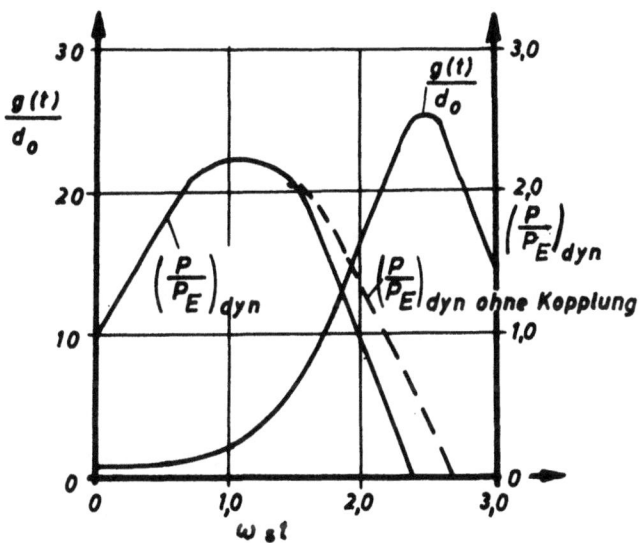

Abbildung 27

Biegeauslenkung der Stabmitte und axiale Last mit und ohne Kopplung über der Zeit für $b = \frac{\tau_0}{T} = 1$ und $\frac{M}{\varrho F \ell} = 51$

(nach [17])

Man sieht, daß in Abbildung 27 die Last nahezu sinusförmig verläuft, während man in Abbildung 28 die Verzerrung durch die Kopplung erkennt.

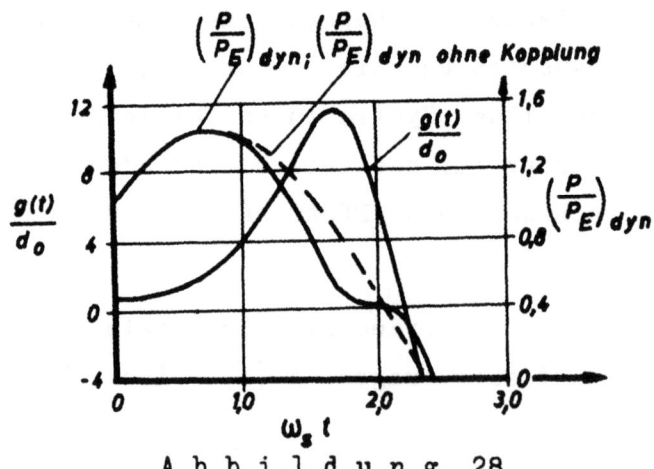

Abbildung 28

Biegeauslenkung der Stabmitte und axiale Last mit und ohne Kopplung
über der Zeit für $b = \dfrac{\tau_0}{T_1} = 2$, $\dfrac{M}{gFl} = 499$
(nach [17])

4. Lösungen der Differentialgleichung (13) für andere Lagerungsbedingungen bezüglich Biegung

In welcher Weise die Lagerung bezüglich der Biegung die Ergebnisse beeinflußt, bleibt noch zu untersuchen.

Ist der Stab bezüglich der Biegung nicht mehr beiderseitig gelenkig gelagert, so wird die mathematische Behandlung bedeutend komplizierter[11].

In der Literatur ist nur der Fall des Rechteckstoßes behandelt worden ($\bar{P} = P_0$ für $0 \leq t \leq \tau_0$, $\bar{P} = 0$ für $t > \tau_0$).

Schwierigkeiten besonderer Art treten aber auch hier schon auf, und zwar bei der Querbewegung des vorgekrümmten Stabes. Um die Querbewegung nach der üblichen Methode bestimmen zu können, muß in der Differentialgleichung (13) die gegebene Vorkrümmung $w_0(x)$ nach den Eigenfunktionen des geraden Stabes entwickelt werden. Diese Eigenfunktionen hängen nun aber wegen der anderen Randbedingungen explizit von dem jeweiligen Wert von P_0 ab. Man würde deshalb bei der Entwicklung einer gegebenen Vorkrümmung nach diesen Eigenfunktionen für jeden Wert von P_0 andere Entwicklungskoeffizienten bekommen, und wenn man die Vorkrümmung wieder

---

[11] Für zeitabhängiges P lassen sich im allgemeinen die Veränderlichen in den Differentialgleichungen (13) und (16) nicht mehr trennen (s. dazu auch [6], S. 218). In solchen Fällen kann man z.B. mit einem gemischten Ritzansatz arbeiten, d.h. mit einem Ansatz, in dem die willkürlichen Parameter des Ritzansatzes Funktionen der Zeit sind ([9] S. 317; siehe dazu auch COLLATZ, L.: Numerische Behandlung von Differentialgleichungen. 1951, Springer Verlag)

auf das erste Glied dieser Entwicklung reduzierte - entsprechend dem Vorgehen beim beiderseitig gelenkig gelagerten Stab - so hätte der Stab bei jedem Wert von P_o eine andere Vorkrümmung.

Darüber hinaus werden diese Eigenfunktionen sehr kompliziert. In den Untersuchungen von TAUB [18],[19], der die Querbewegung eines einerseits eingespannten, andererseits gelenkig gelagerten Stabes in Erweiterung der Untersuchungen des Abschnittes II.3.a)β) untersucht, wird deshalb mit einer mathematisch einfachen konstruierten Vorkrümmung gearbeitet; sie erfüllt die eine Randbedingung nicht, ist aber dafür nahezu unabhängig von P_o. Und zwar ist sie so gewählt, daß der Stab für jeden Wert von P_o während des Stoßes nur in seiner Grundschwingungsform schwingt (nach dem Stoß allerdings in einem Gemisch sämtlicher Eigenschwingungen).

In Abbildung 29 ist das Hauptergebnis der Untersuchungen dargestellt.

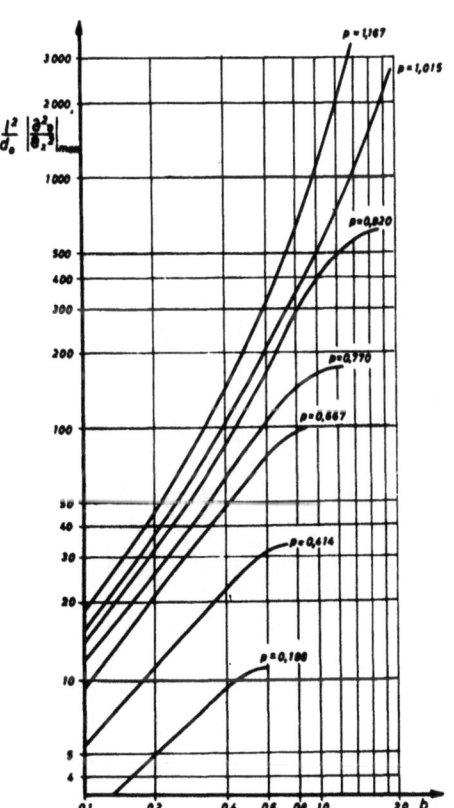

A b b i l d u n g 29
Maximale dynamische Beanspruchungen $\left[\frac{\ell^2}{d_o}\left(\frac{\partial^2 \eta}{\partial x^2}\right)_{max} = \frac{M_{B\,max} \cdot \ell^2}{d_o EJ}\right]$
über $b = \frac{\tau_o}{T_1}$ mit $\frac{P_o}{P_E}$ als Parameter für einen einseitig fest eingespannten, andererseits gelenkig gelagerten Stab (nach [19])

Die Größe

$$\frac{\ell^2}{d_0} \left| \frac{\partial^2 \eta}{\partial x^2} \right|_{max}$$ wurde über $b = \frac{\tau_0}{T_1}$ mit $p = \frac{P_0}{P_E}$ als Parameter

aufgetragen; T_1 ist hier die Periode der zugehörigen Grundbiegeeigenschwingung für $P_0 = 0$; $P_E = \frac{2\pi^2 EJ}{\ell^2}$; $\left| \frac{\partial^2 \eta}{\partial x^2} \right|_{max}$ ist der zeitlich und örtlich maximale Wert der Krümmung. Man sieht, daß der Charakter der Kurven ganz ähnlich dem der entsprechenden Kurven der Abbildung 6 für beiderseitig gelenkige Lagerung ist.

In der Abbildung 30 ist das Verhältnis vom maximalen dynamischen Biegemoment zum statischen über $b = \frac{\tau_0}{T_1}$ mit $p = \frac{P_0}{P_E}$ als Parameter aufgetragen. Man erkennt, daß es für kleine Stoßzeiten τ_0 kleiner als Eins ist, daß es aber für größere Stoßzeiten schließlich auf Werte kommt, die wesentlich größer als Eins sind. Der maximale Wert, den dieses Verhältnis erreichen kann, hängt hier anders als im Fall der beiderseitig gelenkigen Lagerung von der Größe von p ab und wächst mit wachsendem p.

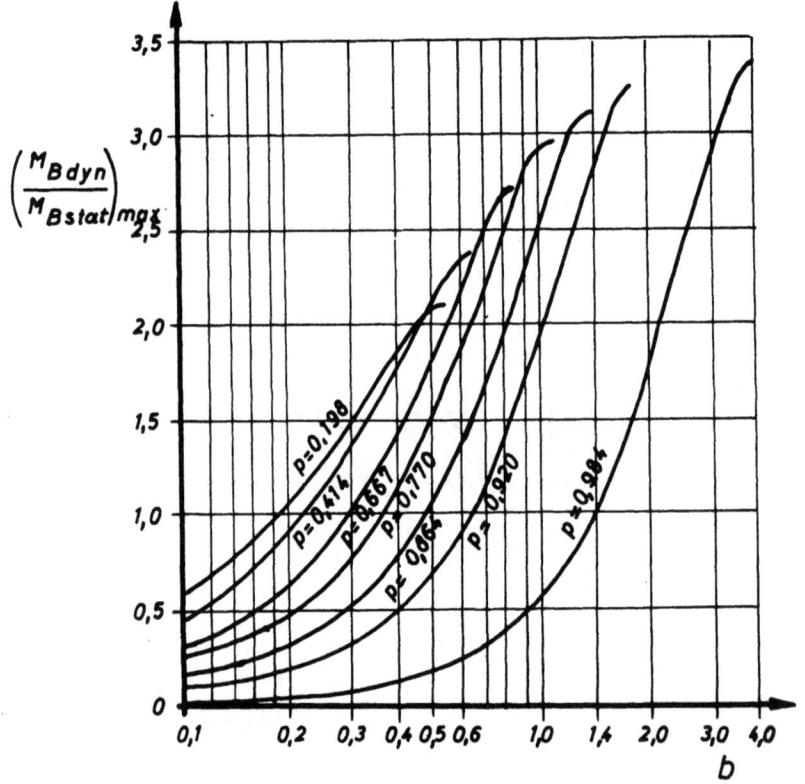

A b b i l d u n g 30

Verhältnis der maximalen Biegemomente im dynamischen und im statischen Fall über $b = \frac{\tau_0}{T_1}$ mit $p = \frac{P_0}{P_E}$ als Parameter für einen einseitig fest eingespannten, andererseitig gelenkig gelagerten Stab (nach [19])

In Abbildung 31 sind jene zusammengehörigen Werte von p und b aufgetragen, in denen das maximale dynamische Biegemoment gleich dem statischen Biegemoment ist.

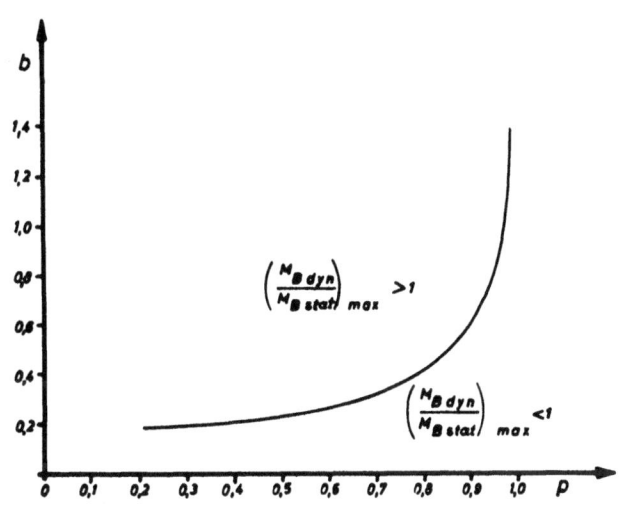

Abbildung 31

Zusammengehörige Werte von $b = \frac{\tau_0}{T_1}$ und $p = \frac{P_0}{P_E}$, für die die maximale dynamische und statische Biegebeanspruchung gleich groß ist. (Stab einseitig fest eingespannt, andererseits gelenkig gelagert (nach [19])

III. ERWEITERUNG DER THEORIE AUF DÜNNE PLATTEN

ZIZICAS [21] führt entsprechende Untersuchungen für dünne rechteckige Platten konstanter Dicke durch, die auf allen vier Rändern gelenkig gestützt sind (Analogie zum beiderseitig gelenkig gelagerten Stab) (Abb. 32).

Er behandelt die Fälle, daß

a) die Belastung $P_x(t)$ und $P_y(t)$ an den Rändern parallel zur x- und y-Achse in der Mittelebene vorgegeben ist (keine Exzentrizität)

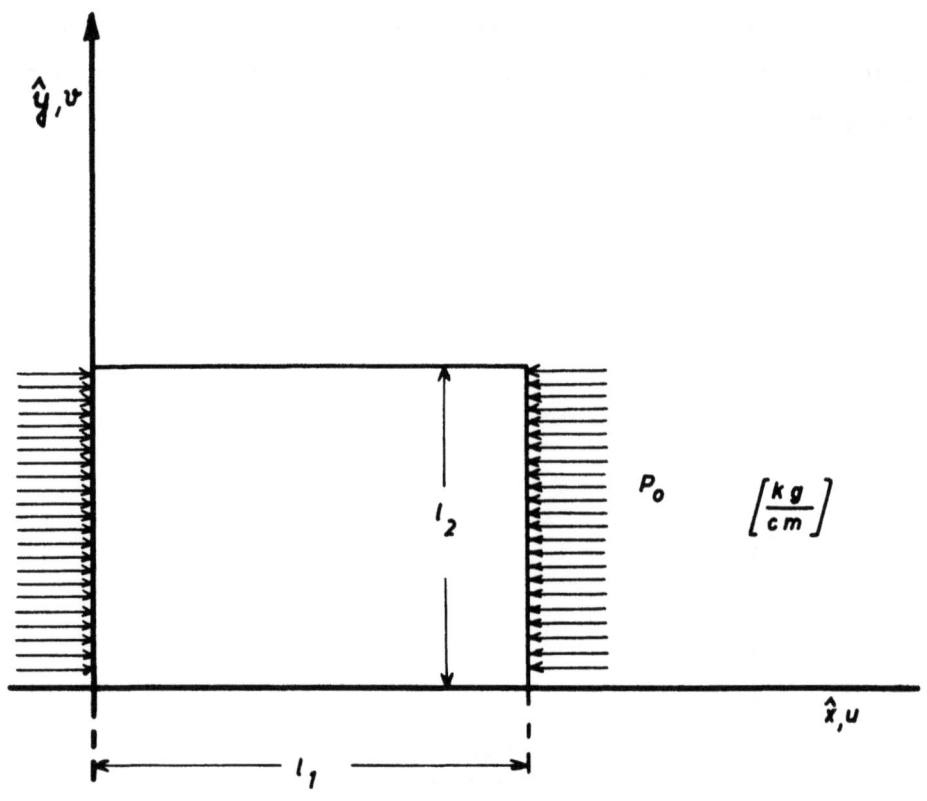

Abbildung 32

Platte im Koordinatensystem

Die Biegeauslenkung erfolgt senkrecht zur Zeichenebene

b) die Randbelastungen $P_x(t)$ und $P_y(t)$ die Exzentrizitäten $e_x(t)$ und $e_y(t)$ haben.

In beiden Fällen sind die Randbelastungen (und -Exzentrizitäten) unabhängig von den Ortskoordinaten.

Im Falle a) ist die Platte schwach vorgekrümmt, im Falle b) ist sie gerade.

Macht man die der Vereinfachung $P' = 0$ bzw. $\varrho F \ddot{u} = 0$ beim Stab entsprechenden Voraussetzungen für die Bewegungen $u(x,y,t)$ in $\hat{x}$-Richtung und die Bewegungen $v(x,y,t)$ in $\hat{y}$-Richtung, vernachlässigt also die Trägheitsglieder in den Differentialgleichungen für u und v, so ergeben sich zur Bestimmung von $w(x,y,t)$, der Querbewegung, die folgenden Differentialgleichungen und Randbedingungen

a) Differentialgleichung

$$\frac{\partial^4}{\partial x^4}(w-w_0) + 2\frac{\partial^4}{\partial x^2 \partial y^2}(w-w_0) + \frac{\partial^4}{\partial y^4}(w-w_0) + \frac{1}{D}\left[P_x(t)\frac{\partial^2 w}{\partial x^2} + P_y(t)\frac{\partial^2 w}{\partial y^2}\right] + \frac{\rho h}{D}\frac{\partial^2 w}{\partial t^2} = 0 \qquad (75)$$

Randbedingungen

1)
$w(o,y,t) = w(\ell_1, y, t) = 0$

$w(x,o,t) = w(x,\ell_2,t) = 0$

2)
$\frac{\partial^2 w}{\partial x^2} = 0$ für x=0 und x=ℓ_1

$\frac{\partial^2 w}{\partial y^2} = 0$ für y=0 und y=ℓ_2
(76)

Fall b)

Differentialgleichung

$$\frac{\partial^4 w}{\partial x^4} + 2\frac{\partial^4 w}{\partial x^2 \partial y^2} + \frac{\partial^4 w}{\partial y^4} + \frac{1}{D}\left[P_x(t)\frac{\partial^2 w}{\partial x^2} + P_y(t)\frac{\partial^2 w}{\partial y^2}\right] + \frac{\rho h}{D}\frac{\partial^2 w}{\partial t^2} = 0$$

Randbedingungen (77)

1) $w(x,y,t) = 0$

x = 0 und x = ℓ_1

y = 0 und y = ℓ_1

2)
$\frac{\partial^2 w}{\partial x^2} = -\frac{P_x(t)\, e_x(t)}{D}$ 	x = 0 und x = ℓ_1

$\frac{\partial^2 w}{\partial y^2} = -\frac{P_y(t)\, e_y(t)}{D}$ 	y = 0 und y = ℓ_2

Es bedeuten darin

ℓ_1, ℓ_2 = Seitenlängen

h = Plattendicke

$D = \frac{E h^3}{12(1-\nu^2)}$ = Plattensteifigkeit für Biegung

Fall a)

Die Vorkrümmung sei in der Form der ersten Biegeeigenfunktion der geraden Platte vorgegeben

$$w_0(x,y) = d_0 \sin\frac{\pi x}{\ell_1} \sin\frac{\pi y}{\ell_2} \qquad (78)$$

Dann lautet der Ansatz für $w(x,y,t)$

$$w(x,y,t) = g(t) \sin\frac{\pi x}{\ell_1} \sin\frac{\pi y}{\ell_2} \tag{79}$$

Fall b)

Die Vorkrümmung ist Null; die Randbedingungen sind inhomogen. ZIZICAS gibt die Lösungsansätze und die Differentialgleichungen für die Zeitfunktionen $g_{nm}(t)$ sowohl für den Fall an, daß die Belastungen und die Exzentrizitäten zeitunabhängig sind als auch für den Fall, daß sie zeitabhängig sind.

Ausführliche Rechnungen liegen für den Fall a) vor mit $P_y(t) = 0$,

$$P_x(t) = P_0 \quad 0 \leq t \leq \tau_0$$
$$P_x(t) = 0 \quad \tau_0 < t \quad \text{(Rechteckstoß)}$$

Bei Einführung der dimensionslosen Koordinaten

$$\frac{\pi x}{\ell_1} = \varphi \quad , \quad \frac{\pi y}{\ell_2} = \psi \tag{80}$$

lassen sich dann die Differentialgleichung und die zugehörigen Rand- und Anfangsbedingungen in der folgenden Form schreiben:

I. Abschnitt (während des Stoßes)

Differentialgleichung

$$\pi^4 D \left[\frac{1}{\ell_1^4} \frac{\partial^4 (w_I - w_0)}{\partial \varphi^4} + \frac{2}{\ell_1^2 \ell_2^2} \frac{\partial^4 (w_I - w_0)}{\partial \varphi^2 \partial \psi^2} + \frac{1}{\ell_2^4} \frac{\partial^4 (w_I - w_0)}{\partial \psi^4} \right] \\ + \frac{\pi^2 P_0}{\ell_1^2} \frac{\partial^2 w_I}{\partial \varphi^2} + \rho h \frac{\partial^2 w_I}{\partial t^2} = 0 \tag{81}$$

Anfangsbedingungen $t = 0$

$$W_I(\varphi, \psi, 0) = w_0(\varphi, \psi)$$
$$\dot{w}_I(\varphi, \psi, 0) = 0 \tag{82}$$

II. Abschnitt (nach dem Stoß)

Differentialgleichung

$$\pi^4 D \left[\frac{1}{\ell_1^4} \frac{\partial^4 (w_{II} - w_0)}{\partial \varphi^4} + \frac{2}{\ell_1^2 \ell_2^2} \frac{\partial^4 (w_{II} - w_0)}{\partial \varphi^2 \partial \psi^2} + \frac{1}{\ell_2^4} \frac{\partial^4 (w_{II} - w_0)}{\partial \psi^4} \right] \\ + \rho h \frac{\partial^2 w_{II}}{\partial t^2} = 0 \tag{83}$$

(zeitliche) Übergangsbedingungen t = τ_0

$$w_I(\tau_0, \varphi, \psi) = w_{II}(\tau_0, \varphi, \psi) \qquad (84)$$

$$\dot{w}_I(\tau_0, \varphi, \psi) = \dot{w}_{II}(\tau_0, \varphi, \psi)$$

Randbedingungen für beide Abschnitte

1) $w(\varphi, \psi, t) = 0$ für
$\varphi = 0$ und $\varphi = \pi$
$\psi = 0$ und $\psi = \pi$

(85)

2) $\dfrac{\partial^2 w}{\partial \varphi^2} = 0 \qquad \varphi = 0$ und $\varphi = \pi$

$\dfrac{\partial^2 w}{\partial \psi^2} = 0 \qquad \psi = 0$ und $\psi = \pi$

Zur Lösung der Gl. (81) muß die Vorkrümmung (80) wieder nach den Eigenfunktionen der geraden Platte des entsprechenden Falles entwickelt werden. Ebenso wie beim beiderseitig gelenkig gelagerten Stab sind diese Eigenfunktionen von P_0 unabhängig; sie lauten

$$\sin m\varphi \sin n\varphi \quad (m,n = 0,1 \ldots \infty) \qquad (86)$$

Als w_0 werde wieder die erste Eigenfunktion gewählt

$$w_0(\varphi, \psi) = d_0 \sin\varphi \sin\psi$$

dann reduziert sich der Lösungsansatz für $w(\varphi, \psi, t)$ wieder auf

$$w(\varphi, \psi, t) = g(t) \sin\varphi \sin\psi \qquad (87)$$

Die Lösungen g (t) (Ausbiegung des Mittelpunktes der Platte) werden wieder für die drei Fälle

$$\frac{P_0}{P_{krit}} \lessgtr 1$$

bestimmt. Hier ist

$$P_{krit} = \pi^4 D\, l_1^2 \left(\frac{1}{l_1^2} + \frac{1}{l_2^2}\right)^2 \qquad (88)$$

die erste kritische Last (für $\frac{l_1}{l_2} \leq \sqrt{2}$) im statischen Falle. Das Endergebnis der Rechnung ist in Abbildung 33 dargestellt, wo $g_{max} : d_0$ über $2\pi b = 2\pi \frac{\tau_0}{T_1}$ aufgetragen wurde.

T_1 = Periode der ersten Grundbiegeeigenfrequenz der Platte für $P_0 = 0$.

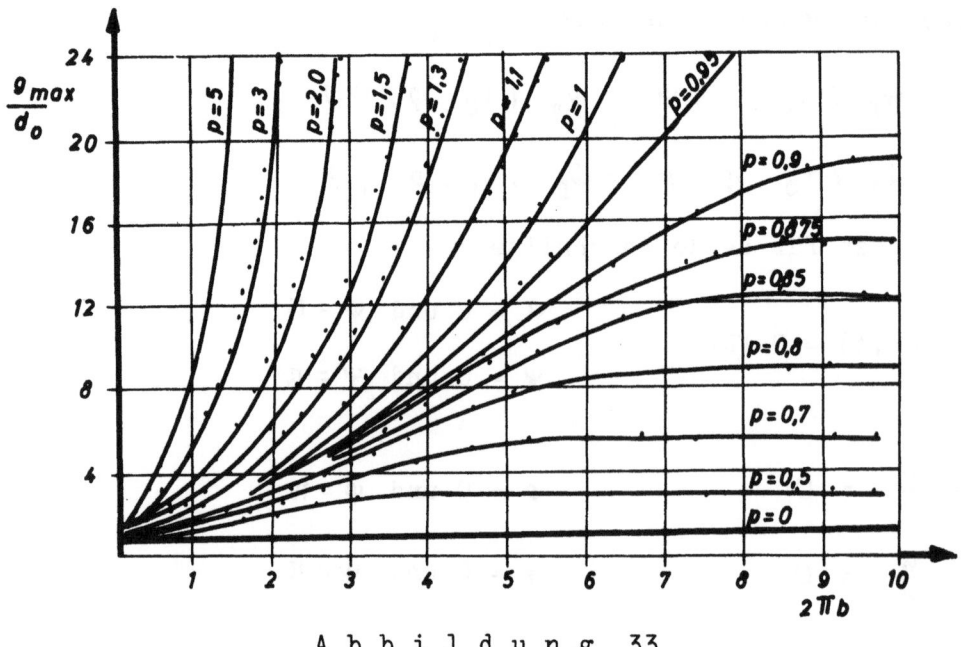

Abbildung 33

Maximale dynamische Ausbiegung des Plattenmittelpunktes über $2\pi b =$
$2\pi \frac{\tau_0}{T_1}$ mit $p = \frac{P_0}{P_{krit}}$ als Parameter für einen Rechteckstoß in x-Richtung

(nach [21])

Von K.A. RECKLING [22] wurde 1953 die am Rande gestützte und dort elastisch eingespannte Kreisplatte, die durch eine in ihrer Mittelebene wirkende allseitig gleichmäßige Radialkraft $P_0 + P_1 \cos 2\pi ft$ belastet ist, untersucht.

Die Untersuchung wurde mittels einer Störungsrechnung (Entwicklung nach dem kleinen Parameter $\frac{P_1}{P_{krit}}$) durchgeführt.

Als Beispiel wird eine Kreisplatte, deren mittlere Krümmung am Rande verschwindet, behandelt.

Die Ergebnisse sind ähnlich den schon beim Stab für den gleichen Belastungsfall (Abschnitt II.3.a) α) erhaltenen.

IV. ZUSAMMENFASSUNG

Das Verhalten eines vollkommen elastischen Stabes, der durch eine zeitabhängige axiale Störung zu Längs- und Querbewegungen angeregt wird, wird unter gewissen einschränkenden Voraussetzungen beschrieben. Zweck des Berichtes ist es, die vielen verschiedenen Untersuchungen zu diesem Thema in einer übersichtlichen Darstellung zusammenzufassen. Zunächst werden deshalb die gemeinsamen Grundlagen angegeben: Nichtlineares gekoppeltes System der Bewegungsdifferentialgleichungen für Längs- und Querbewegungen, Vereinfachung dieses Systems durch einschränkende Voraussetzungen (instantaner Längsspannungszustand).

Die Lösungen der so gewonnenen Bewegungsdifferentialgleichung für die Querbewegung werden dann für die Fälle, daß a) die axiale Belastung an den Enden des Stabes, b) die axiale Verschiebung an den Enden des Stabes vorgegeben ist, bestimmt, und die in den verschiedenen Arbeiten untersuchten Probleme darunter eingeordnet. Behandelt wird: Gerader Stab mit pulsierender Längskraft und pulsierender Längsverschiebung, schwach vorgekrümmter Stab bei konstanter Stoßkraft (Einzelstoß) und Verschiebung der Stabenden mit konstanter Geschwindigkeit. Bezüglich der Biegung ist der Stab im allgemeinen gelenkig gelagert; nur für konstante Stoßkraft wird noch der Einfluß anderer Biegerandbedingungen untersucht. Es zeigt sich, daß der Einfluß des Trägheitsgliedes in der Differentialgleichung der Querbewegung, also die Trägheitswirkungen während der Verformung des Stabes, die bei der instantanen Rechnung vernachlässigt werden, unter gewissen Bedingungen sehr groß werden kann.

Bei sehr kurzen Stoßzeiten im Fall a) kann z.B. eine wesentliche Verringerung der Biegebeanspruchung (Biegeauslenkung) gegenüber der statischen Rechnung auftreten; kurze Stoßzeit bedeutet, daß die Stoßzeit klein im Verhältnis zur Periode der Grundbiegeschwingung des unbelasteten Stabes ist; bei gleichen Stoßzeiten tritt dieser Effekt um so stärker in Erscheinung, je schlanker der Stab ist; solche Stäbe können also kurzzeitig, ohne zusammenzubrechen, große Stoßkräfte ertragen. Andererseits tritt bei längeren Stoßdauern eine Vergrößerung der Biegebeanspruchung auf.

Ebenso kann ein Stab, Fall b) dessen eines Ende mit konstanter Geschwindigkeit axial verschoben wird (während das andere axial unverschieblich ist) eine maximale axiale Last ertragen, die größer ist als die EULER-last. Die Größe dieser Last wächst mit der Geschwindigkeit und mit dem Schlankheitsgrad des Stabes.

Diese dynamischen Effekte lassen sich einerseits aus der verzögerten Ausbildung der dynamischen Biegeauslenkung gegenüber der statischen bzw. instantanen, andererseits aus dem Überschwingen der dynamischen Auslenkung über die statische bzw. instantane erklären (instantan: s.Fußnote 3) S.16).

Entsprechende Untersuchungen werden auch für dünne Platten durchgeführt.

Dr. rer. nat. Gertrud KOTOWSKI, Essen

V. SCHRIFTTUM

[1] DONELL, L.W. — Longitudinal Wave Transmission and Impact. Transactions of the American Society of Mechanical Engineers 52 (1930)

[2] BENTHEM, J.P. — Step and Impact Loads on Some Non-Linear Structural Elements NLL Reports S. 455 (1955)

[3] KLOTTER, K. — Stabilisierung und Labilisierung durch Schwingungen. Forschung auf dem Gebiet des Ingenieurwesens 12 (1941) S. 209

[4] METTLER, E. — Biegeschwingungen eines Stabes unter pulsierender Axiallast. Mitteilungen Forschungsanstalt GHH Konzern 8 (1940) S. 1

[5] METTLER, E. — Biegeschwingungen eines Stabes mit kleiner Vorkrümmung, exzentrisch angreifender pulsierender Axiallast und statischer Querbelastung. Forschungshefte aus dem Gebiet des Stahlbaus Heft 4 (1941) S. 1

[6] LUBKIN, S. and J.J. STOKER — Stability of Columns and Strings under Periodically Varying Forces. Q. Appl. Math. I No. 3 (1943) S. 215

[7] KONING, C. und J. TAUB — Stoßartige Knickbeanspruchung schlanker Stäbe im elastischen Bereich bei beiderseitig gelenkiger Lagerung Luftfahrtforschung 10 (1933) S. 55

[8] MEYER, J.H. — On the Dynamics of Elastic Buckling. Journ. Aeron. Sci. 12 (1945) S. 433

[9] WEIDENHAMMER, F. — Nichtlineare Biegeschwingungen des axialpulsierend belasteten Stabes. Ingenieur-Archiv 20 (1952) S. 315

[10] WEIDENHAMMER, F.   Stabilität nichtlinearer Biegeschwingungen von Balken mit pulsierender Axialkraft. Ingenieur-Archiv 24 (1956) S. 53

[11] METTLER, E. und F. WEIDENHAMMER   Der axial pulsierend belastete Stab mit Endmasse. Z. angew. Math. Mech. 36 (1956) S. 284

[12] HOFF, N.J.   The Dynamics of the Buckling of Elastic Columns. Journal of Applied Mechanics. 18 (1951) S. 68

[13] HOFF, N.J.   Buckling and Stability. Journal of the Royal Aeronautical Society 58 (1954) S. 3

[14] CHAWLA, J.P.   Numerical Analysis of the Process of Buckling of Elastic and Inelastic Columns. Proceedings of the First National Congress of Applied Mechanics. The American Society of Mechanical Engineers New York (1952) S. 435

[15] HOFF, N.J., NARDO, S.V. and B. ERICKSON   The Maximum Load Supported by an Elastic Column in a Rapid Copression of Applied Mechanics. The American Society of Mechanical Engineers New York (1952) S. 419

[16] SCHMITT, A.F.   Method of Stepwise Integration in Problems of Impact Buckling. Journal of Applied Mechanics. 23 (1956) S. 291

[17] DAVIDSON, J.F.   Buckling of Struts under Dynamic Loading. Journal of the Mechanics and Physics of Solids 1 (1953) S. 54

[18] TAUB, J.   Stoßartige Knickbeanspruchung schlanker Stäbe im elastischen Bereich. Luftfahrtforschung 10 (1933) S. 65

[19] TAUB, J. — Impact Buckling of Thin Bars in the Elastic Range for any End Conditions. NACA 749 (1931)

[20] ERICKSON, B., NARDO, S.V., PATEL, S.A. and N.J. HOFF — An Experimental Investigation of the Maximum Load Supported by Elastic Columns in Elastic Compression Tests. Proceeding of the Society for Experimental Stress Analysis 14 (1956) No. 1, S. 13

[21] ZIZICAS, G.A. — Dynamic Buckling of Thin Elastic Plates. Transactions of the American Society of Mechanical Engineers. 74 (1952) S. 1257

[22] RECKLING, K.A. — Die dünne Kreisplatte mit pulsierender Randbelastung in ihrer Mittelebene als Stabilitätsproblem. Ingenieur-Archiv 21 (1953) S. 141

VERZEICHNIS DER DVL-BERICHTE

Bisher sind erschienen

Nr. 1
SÖHNGEN, H.
    Schwingungsverhalten eines Schaufelkranzes im Vakuum

Nr. 2
WEISSINGER, J.
    Zur Aerodynamik des Ringflügels. I. Die Druckverteilung dünner, fast drehsymmetrischer Flügel in Unterschallströmung

Nr. 3
KEUNE, F.
    Bericht über eine Näherungstheorie der Strömung um Rotationskörper ohne Anstellung bei Machzahl Eins

Nr. 4
LEIST, K. und W. DETTMERING
    Turbinenschaufeln aus Kunststoff für Kaltluftuntersuchungen

Nr. 5
SPENGLER, G. und K.A. SCHMID
    Vergleich der Liefervorschriften der ehemaligen deutschen Luftwaffe mit den entsprechenden US- bzw. britischen Spezifikationen für Flugtreib- und Schmierstoffe

Nr. 6
LEIST, K., K. SCHLEIERMACHER und J. WEBER
    Spannungsoptische Untersuchungen von Turbinenschaufelfüßen

Nr. 7
Leist, K. und K. GRAF
    Kleingasturbinen insbesondere zum Fahrzeugantrieb

Nr. 8
KEUNE, F.
    Zusammenfassende Darstellung und Erweiterung des Äquivalenzsatzes für schallnahe Strömung

Nr. 9
SCHLIPPE v., B.
    Strömung von Flüssigkeiten mit temperaturabhängiger Zähigkeit (Kühlung von Ölen)

Nr.10
SCHMIEDEN, C. und K.H. MÜLLER
    Die Strömung einer Quellstrecke im Halbraum - eine strenge Lösung der Navier-Stokes-Gleichungen

Nr.11
SÖHNGEN, H.
    Strömung vor einem Überschall-Laufrad

Nr.12
QUICK, A.W.
    Ein Verfahren zur Untersuchung des Austauschvorganges in verwirbelten Strömungen hinter Körpern mit abgelöster Strömung

WESTDEUTSCHER VERLAG · KÖLN UND OPLADEN

Nr. 13
KEUNE, F.
    Der gewölbte und verwundene Tragflügel ohne Dicke in Schallnähe

Nr. 15
FIECKE, D.
    Die Bestimmung der Flugzeugpolaren für Entwurfszwecke
    I. Teil: Unterlagen

Nr. 16
THIELEMANN, W.
    Über die Beulung anisotroper Plattenstreifen

Nr. 17
THIELEMANN, W. und H.J. DREYER
    Beitrag zur Frage der Beulung dünnwandiger axial gedrückter
    Kreiszylinder

Nr. 21
RUFF, S., F. KIPP, H. HANSTEEN und G. MÜLLER
    Untersuchungen zur Frage der Gehörschädigung des fliegenden
    Personals der Propellerflugzeuge

Nr. 22
RUFF, S. u.a.
    Untersuchungen zur therapeutischen Anwendung des Sauerstoff-
    mangels

Nr. 23
DOMM, U.
    Über eine Hypothese, die den Mechanismus der Turbulenz-Entstehung
    betrifft

Nr. 24
GDANIEC, O.
    Über die Randlochkarte als Hilfsmittel in der Dokumentation
    Die grundsätzlichen Möglichkeiten ihrer Ausnutzung und eine
    Anwendung für die Luftfahrtforschung

Nr. 25
SPENGLER, G. und H. GEMPERLEIN
    Untersuchungen und Entwicklungsarbeiten zur motorischen Prüfung
    von Schmierölen

Nr. 26
SPENGLER, G. und H.O. HÖSSL
    Untersuchungen über künstliche und natürliche Alterung unlegierter
    Mineralschmieröle

Nr. 27
BROCKS, K.
    Die Messung der Reflexionseigenschaften künstlicher und natürlicher
    Materialien mit quasi-optischen Methoden bei Mikrowellen

Nr. 28
OSWATITSCH, K. und I. RYHMING
    Über den Kompressibilitätseinfluß bei ebenen Schaufelgittern
    starker Umlenkung

Nr. 29
VOGEL, M.
    Das Spektralgebiet zwischen dem langwelligen Ultrarot und den Mikrowellen
    Stand der Technik und Entwicklungstendenzen

Nr. 30
BOLLENRATH, F.
    Bemerkungen zur Frage des Wärmeschocks im Flugzeugbau

Nr. 31
SCHRAMM, K.H.
    Zur Theorie stationärer Flammen in strömenden Gasen

Nr. 32
LÜRENBAUM, K.
    Der Meßwagen des Instituts für Triebwerksdynamik der Deutschen Versuchsanstalt für Luftfahrt (DVL), Aachen

Nr. 33
SCHÄFER, G.
    Glutathionstoffwechsel und Sauerstoffmangel

Nr. 34
GÖRTLER, H.
    Zahlentafeln universeller Funktionen zur neuen Reihe für die Berechnung laminarer Grenzschichten

Nr. 35
RYHMING, J.
    Die instationäre zweidimensionale Überschallströmung um eine plötzlich angestellte dünne Platte

Nr. 37
ZETZMANN, H.J. und R.A. WENDLINGER
    Bau einer Langwellen-U-Adcock-Peilanlage

Nr. 38
ZETZMANN, H.J., R.A. WENDLINGER und H. ZAUSCHER
    Untersuchungen über sprunghafte Peilungen an Mittelwellen-Vierkurs-Funkfeuern

Nr. 39
WEISSINGER, J.
    Zur Aerodynamik des Ringflügels
    II. Die Ruderwirkung

Nr. 41
NAUMANN, A., A. HEYSER und W. TROMMSDORFF
    Der Überdruck-Windkanal in Aachen

Nr. 42
WEISSINGER, J.
    Zur Aerodynamik des Ringflügels
    III. Der Einfluß der Profildicke

Nr. 43
WEHRMANN, O.
    Hitzdrahtmessungen in einer aufgespaltenen Kármánschen Wirbelstraße

---

WESTDEUTSCHER VERLAG · KÖLN UND OPLADEN

Nr. 44
TROMMSDORFF, W.
 Versuche an einem fertigungsgünstigen Mehrstoßdiffusor bei Überschallgeschwindigkeit

Nr. 45
WÜNSCHE, O.
 Zur Pathogenese und Prophylaxe der Druckfallkrankheit des Höhenfliegers
 I. Teil: Über den Einfluß der Hyaluronidase auf die Dauer der Sauerstoff-Voratmung

Nr. 46
LÜPKE, H.
 Gasturbinen und Strahlantriebe für Hubschrauber (Stand Juni 1956)

Nr. 47
MÜLLER, K.-H.
 Strenge Lösungen der Navier-Stokes-Gleichung für rotationssymmetrische Strömungen

Nr. 48
KEUNE, F.
 Eine Näherungsmethode zur Berechnung der Geschwindigkeitsverteilung nicht angestellter gepfeilter Flügel großer Streckung bei kleiner Dicke in Unterschallströmung

Nr. 49
OSWATITSCH, K.
 Der Druckwiedergewinn bei Geschossen mit Rückstoßantrieb bei hohen Überschallgeschwindigkeiten

Nr. 50
KEUNE, F.
 Flügel kleiner Streckung mit kleiner Dicke bei Nullauftrieb in Unter- und Überschallströmung

Nr. 51
ZIEREP, J.
 Der senkrechte Verdichtungsstoß am gekrümmten Profil

Nr. 52
EBERTS, K.
 Entwicklung einiger Meßverfahren und einer frequenz- und amplitudenstabilisierten Meßeinrichtung zur gleichzeitigen Bestimmung der komplexen Dielektrizitäts- und Permeabilitätskonstante von festen und flüssigen Materialien im rechteckigen Hohlleiter und im freien Raum bei Frequenzen von 9200 und 33000 MHz

Nr. 53
BRÜNER, H. und K. DIETMANN
 Ein Gerät zur fortlaufenden elektrischen Impulsfrequenzanalyse und -integration

Nr. 54
LORENTZ, J. und K. BROCKS
 Elektrische Meßverfahren in der Geodäsie

Nr. 55
HELKE, G.
    Untersuchungen zur Stabilität nichtlinearer erzwungener Schwingungen von einem Freiheitsgrad

Nr. 56
LEIST, K. und W. DETTMERING
    Prüfstände zur Messung der Druckverteilung an rotierenden Schaufeln

Nr. 57
LEIST, K. und J. WEBER
    Spannungsoptische Untersuchungen von rotierenden Scheiben mit exzentrischen Bohrungen

Nr. 58
FELLNER, G.
    Der Einfluß der Fluggeschwindigkeit auf die Wirtschaftlichkeit von Durch- und Ausströmtriebwerk

Nr. 59
    SYMPOSION über Fliegertauglichkeitsfragen am 29. und 30. Oktober 1956 in Bad Godesberg

Nr. 60
BRÜNER, H. und K. DIETMANN
    Zur Praxis der Fliegertauglichkeitsuntersuchung

Nr. 61
FREITAG, W.
    Über die Aerodontalgie und andere Aerodontopathien

Nr. 62
WENDLINGER, A.R. und M. RAAB
    Untersuchungen über die Strahlungscharakteristik eines Fächerfunkfeuers

Nr. 64
BETZIEN, G.
    Zur Prognose menschlicher Leistungsfähigkeit

Nr. 65
GRAF, K.
    Vergleich von Gleichdruck- und Verpuffungsgasturbinen

Nr. 66
KEUNE, F. und K. OSWATITSCH
    Nicht angestellte Körper kleiner Spannweite in Unter- und Überschallströmung

OSWATITSCH, K.
    Die theoretischen Arbeiten über schallnahe Strömung am Flugtechnischen Institut der Königlich Technischen Hochschule, Stockholm

Nr. 67
RÖSCHLAU, H.
    Eine neue Möglichkeit der Darstellung von Luftlagebildern zwecks Zusammenlegung mehrerer Anzeigen zu einem Gesamtlagebild

Nr. 68
KOTOWSKI, G.
    Über das Verhalten von schlanken Stäben und dünnen Platten konstanten Querschnitts im elastischen Bereich bei zeitlich veränderlicher Längsbelastung

Nr. 69
SCHMITZ, E.
    Untersuchungen über das Auftreten intravasaler Gasblasen nach rascher Druckerniedrigung in Abhängigkeit von Vasotonus

Nr. 70
SCHMIDT, W.
    Daten einer dreiparametrigen Systematik von Rotationshalbkörpern für die Strömungsverhältnisse bei Schallanströmung und linearisierter Überschallströmung

Nr. 71
STAUFENBIEL, R.
    Beitrag zur Bestimmung der Stoßgeschwindigkeit von Flugzeugen bei der Landung

Nr. 72
SCHUMACHER, K.
    Über eine neue Methode zur Bestimmung der menschlichen Leistungsreserve mit Hilfe des Sauerstoffmangels

Nr. 74
TEIPEL, J.
    Ein neues Charakteristikenverfahren für eindimensionale instationäre Strömungen

Nr. 75
KIRCHGÄSSNER, K.
    Über den Einfluß des Gleitens bei verdünnten Gasen auf die Entstehung der TAYLOR-GÖRTLER-Wirbel

Nr. 76
VOGEL, M.
    Über den Brechungsindex von Wasserdampf-Luft-Gemischen bei Dezimeter- und Zentimeterwellen

Nr. 78
SCHNELL, W. und G. FISCHER
    Berechnung der Beulwerte von Platten unter ungleichmäßiger Temperaturbeanspruchung nach dem Mehrstellenverfahren

Nr. 79
FEGER, Th.
    Der Einsatz elektronischer Rechenanlagen bei der Lösung funknavigatorischer Aufgaben im Flugzeug und am Boden

Nr. 81
WRAGE, E.
    Übertragung der GÖRTLERschen Reihe auf die Berechnung von Temperaturgrenzschichten

Nr. 82
WALZ, A.
    Betrachtungen über einen elektronischen Generator

If you have any concerns about our products,
you can contact us on
ProductSafety@springernature.com

In case Publisher is established outside the EU,
the EU authorized representative is:
**Springer Nature Customer Service Center GmbH
Europaplatz 3, 69115 Heidelberg, Germany**

Printed by Libri Plureos GmbH
in Hamburg, Germany